非真空法制备
薄膜太阳能电池

王　月　王春杰　著

北　京
冶　金　工　业　出　版　社
2014

内 容 简 介

本书介绍了一种新颖的基于非真空法制备薄膜太阳能电池的方法，共5章。第1章介绍了太阳能电池的研究背景；第2章介绍了太阳能电池的基本原理，侧重点是PN结和太阳能电池的等效电路等；第3章介绍了太阳能电池的分类，详细介绍了CISS薄膜太阳能电池的发展和现状；第4章介绍了$CuInS_xSe_{2-x}$（CISS）薄膜的制备及其性能研究；第5章介绍了基于非真空法制备CISS薄膜太阳能电池的方法及相关太阳能电池性能研究。

本书内容涉及电池的基本原理、分类、制备工艺及过程，是从事太阳能电池行业研究人员的入门读物，同时也可以作为本科生和硕士研究生学习薄膜太阳能电池的入门课程。

图书在版编目(CIP)数据

非真空法制备薄膜太阳能电池/王月，王春杰著．—北京：冶金工业出版社，2014.4

ISBN 978-7-5024-6182-9

Ⅰ.①非… Ⅱ.①王… ②王… Ⅲ.①薄膜太阳能电池—制备 Ⅳ.①TM914.4

中国版本图书馆CIP数据核字(2014)第068042号

出 版 人　谭学余
地　　址　北京北河沿大街嵩祝院北巷39号，邮编100009
电　　话　(010)64027926　电子信箱　yjcbs@cnmip.com.cn
责任编辑　李　臻　美术编辑　吕欣童　版式设计　孙跃红
责任校对　郑　娟　责任印制　牛晓波
ISBN 978-7-5024-6182-9
冶金工业出版社出版发行；各地新华书店经销；三河市双峰印刷装订有限公司印刷
2014年4月第1版，2014年4月第1次印刷
148mm×210mm；3.5印张；103千字；103页
25.00元

冶金工业出版社投稿电话：(010)64027932　投稿信箱：tougao@cnmip.com.cn
冶金工业出版社发行部　电话：(010)64044283　传真：(010)64027893
冶金书店　地址：北京东四西大街46号(100010)　电话：(010)65289081(兼传真)
（本书如有印装质量问题，本社发行部负责退换）

前　言

随着现代工业的飞速发展，全球性的能源危机和大气污染问题日益突出。由于不可再生能源的减少和环境污染的双重压力，光伏产业得到了迅猛发展。目前，光伏产业主要有两大技术路线：晶硅电池和薄膜电池。晶硅太阳能电池是目前技术最成熟、商业化程度最高的产品，市场占有率已经达到90%以上。而人们对薄膜太阳能电池的技术研究一直处于探索阶段，但经过近几十年的研究也获得了丰硕的成果。

太阳能电池的发展趋势是转化效率逐渐提高，成本逐渐降低，并且应用领域也在不断地扩大，总产量也在不断地增加。而薄膜太阳能电池具有用料省、工艺温度低、工艺过程相对简捷、成本低等特点，因此其在未来光伏产业中所占的市场份额将会逐步提高。作为性能最好的薄膜太阳能电池之一，铜铟硫（CIS）薄膜太阳能电池也将迎来飞速发展高峰期。

CIS薄膜太阳能电池由于具有较高的转换效率、较低的成本以及良好的稳定性等特点，已经成为当前最有发展前景的薄膜太阳能电池之一。该体系的电池主要包括以下几种化合物：$CuInS_2$、$CuInSe_2$、$CuInS_xSe_{2-x}$、$CuIn_xGa_{1-x}S_2$、$CuIn_xGa_{1-x}Se_2$ 和 $CuIn_xGa_{1-x}S_ySe_{2-y}$。迄今为止，基于三步共蒸发工艺制备的铜铟镓硒（CIGS）薄膜太阳能电池的转换效率已经达到20.3%，是现存所有薄膜太阳能电池中转换效率最高的。然而，尽管这种制备方法可以达到很高的转换效率，但是由于高真空条件下较高的制备成本以及复杂的制备工艺，制备成分均匀的大面积电池尚还比较困难，因此无法满足大规模产业化的要求。近年来，另一种基于非真空法制备 CISS 太阳能电池的技术逐渐引起了人们的关注，其较低的制备成本以及简捷的生产工艺为薄膜太阳能电池实现产业化提供了可能。

本书系统地阐述了太阳能电池的基本工作原理与分类，薄膜太阳能电池的发展历程及研究现状，以及一种新颖的非真空法制备薄膜太阳能电池的工艺。全书分 5 章，第 1 章介绍了太阳能电池的研究背景，具体包括光能的利用形式及太阳能电池发展概况。第 2 章介绍了太阳能电池的基本原理，侧重点是 PN 结和太阳能电池的等效电路等。第 3 章介绍了太阳能电池的分类，包括硅基太阳能电池和染料敏化太阳能电池等几种主流太阳能电池，并详细介绍了 CIS 薄膜太阳能电池的发展和现状。第 4 章介绍了 $CuInS_xSe_{2-x}$（CISS）薄膜的制备及其性能研究，该章分为两部分，纳米粒子的制备过程以及纳米粒子的成膜过程。第 5 章介绍了基于非真空法制备 CISS 薄膜太阳能电池的方法及其相关太阳能电池性能研究。

随着非真空法制备薄膜太阳能技术的发展，本书中的研究方法和结论也有待更新和更正。由于作者水平有限，文中难免有不妥之处，欢迎各位读者批评指正。

作　者
2014 年 1 月

目　录

1 太阳能电池的研究背景与简介

1.1 太阳能电池研究背景

全球性的能源短缺、环境污染、气候变暖正日益严重地制约着人类社会的发展。寻求绿色替代能源，实现可持续发展，已成为世界各国共同面临的严峻问题。发展绿色替代能源，实现传统能源向新能源的转化是解决我国能源供需瓶颈以及减轻环境压力的有效途径。从全球形势来看，常规能源都是有限的，而中国的一次能源储量总量远远低于世界的平均水平，大约只有世界总储量的 10%。因此，从长远来看，可再生能源将是人类未来的主要能量来源。

可再生能源是指自然界中可以不断再生并有规律地补充或重复利用的能源，对环境无害或危害极小，而且资源分布广泛，适宜就地开发与利用。可再生能源主要包括太阳能、风能、水能、地热能、海洋能、生物质能等。其中太阳能是资源最丰富、分布最广泛的洁净能源，更重要的是绿色无公害，而其他大部分的可再生能源其实都是太阳能的储存和转化，而且其他可再生能源最大的制约因素是地域限制，但太阳能受地域限制并不明显。因此，太阳能是最具有应用潜力的可再生能源。

太阳是距离地球最近的恒星，直径约 1.39×10^6km，是地球直径的 109 倍，而它的体积和质量分别是地球的 130 万倍和 33 万倍。它是由炽热气体构成的一个巨大球体，中心温度约为 10^7K，表面温度接近 5800K，主要成分为氢和氦，其中氢占 80%，氦占 19%。太阳内部处于高温高压（压力相当于 2500 亿个大气压）状态，不停地进行着热核反应，由氢聚变为氦。巨大的能量不断从太阳向宇宙辐射，其中约 22 亿分之一辐射到地球上，经过大气层的反射、散射和吸收，这部分能量约有 70% 辐射到地面。尽管只有很少一部分太阳能辐射到地面，但能量仍然是非常庞大的，每年辐射到地球表面的太阳能能

量约为 1.68×10^{24} cal（1cal = 4.1868J），比全世界每年消耗的能量总和还要大 3 万倍[1,2]。太阳能光谱见图 1-1，是按照太阳光的各色光的频率或波长大小顺序依次排列形成的光带。整个太阳光谱主要分为三个区域：紫外线区域(波长小于 400nm)、可见光谱(波长为 400 ~ 760nm）和红外光谱（波长大于 760nm）。而太阳光辐射的能量主要集中在可见光及红外光区，其中可见光谱区能量约占 40.3%，红外光谱区约占 51.4%，紫外光谱约占 8.3%[3]。

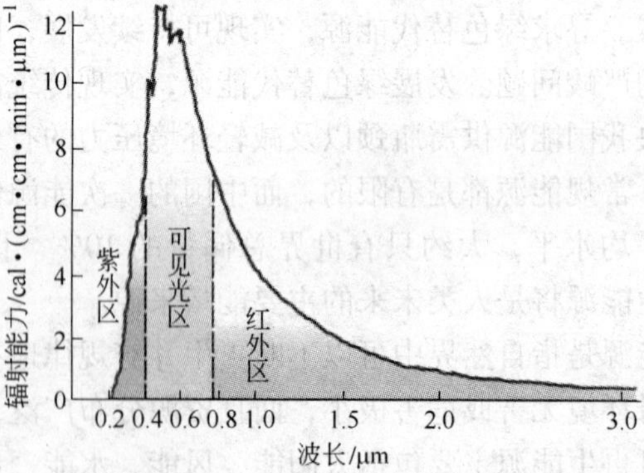

图 1-1　太阳能光谱图
（1cal = 4.1868J）

在一般情况下对太阳能的利用，主要是指太阳能的热利用和太阳能的电利用两种形式。太阳能的电利用分为以下两种方式，一种是光-热-电的转换方式，另一种是光-电直接转换形式。目前生活中比较常用的商品例如太阳能热水器，就是将太阳光辐射能直接转化为水的热能，是目前技术比较成熟的一种热利用装置。电利用形式的第一种，即光-热-电转换方式的前半部分和太阳能热水器的工作原理类似，就是首先将太阳光通过集热器转化为热能，然后再用热能产生的蒸气驱动汽轮机发电。第一个过程是光-热转换过程，第二个过程是热-电转换过程，这就和普通的火力发电一样。然而，太阳能热发电存在的问题是效率很低而成本很高[4,5]，在现阶段只能小规模地应用于特殊场合，大规模的产业化在经济上还很不合算，无法与普通的火力发电形成竞争。

光-电直接转换方式就是利用光的伏特效应，将太阳辐射能直接转化成电能。最常见的典型装置太阳能电池，就是一种利用光生伏特效应将太阳光辐射能直接转化为电能的器件，简单来说其实就是一个半导体光电二极管。当太阳光能照射到光电二极管上时，光电二极管就会把太阳的光辐射能变成电能，从而形成电流。根据实际应用需要(一般是提高输出电压)，将多个电池串联或并联起来，就可以成为太阳能电池阵列，这样就会有比较大的输出功率。太阳能电池作为最有前途的新型能源之一，它有以下几个优点：永久性、清洁性和灵活性。太阳能电池的寿命很长，只要太阳存在，太阳能电池就会产生电流，并且可以长期使用。与火力发电、原子核发电相比，太阳能电池具有不会产生环境污染、一次投资长期使用、基本不需要维护等优点。

在太阳能的有效利用中，太阳能光电利用是近些年来发展最快、最具活力的研究领域，是最受瞩目的研究方向之一。

1.2 太阳能电池简介

太阳能电池是一种利用光生伏特效应将光能转变为电能的器件，是太阳能光伏发电的基础。早在1839年，科学家就发现，当用不同波段的光照射电解液中的电极时，会有电流产生。随后科学家们展开了一系列太阳能电池的研究工作[6~13]。发现利用蓝色或者紫外波段的光照射表面包覆着氯化银或溴化银等光敏材料的银电极则可以得到更为显著的结果，并利用这个科学现象制作了一种用来记录被加热物体的温度的辐照计。在随后的几十年中，相关的研究进展得比较缓慢。1877年，在研究硒的光导通现象的过程中，Adams和Day两个人发现，光照使硒材料产生内部电势差，从而使其发生了电学导通。随后，他们设计了一系列的实验来判断“是否可以仅在有光的照射下产生电流”，并首次证实了全固态环境下的光伏效应。在1883年，Fritts得到厚度在25~125μm的硒薄膜。他将其中的一块金属板剥离，并保留另一块金属板，然后将一小片金箔压在硒薄膜上，从而制得了最早的“薄膜”光伏器件。这些器件的尺寸（面积）可达到30cm^{2}左右。这使他意识到了光伏器件的巨大应用潜能，“那些没有被立即使用的电流，可以把它们用蓄电池储存起来，或是传输到需要的地方去”。直到1905年，Einstein成功解释了光电效应并提出了光子的概念后，人们对光伏效应才开始有了比较全面的理解。理论上，利用金属的光电效应可以产生光伏效应，但是大部分金属的功函数在3~5eV之间，因此只有能量在紫外波段的光子才能被吸收并产生电流。而硒材料自身性质不稳定，因此光伏效应没有被广泛地运用起来。Grondahl在1930~1932年间详细研究了铜-氧化亚铜异质结的整流特性。随后他与合作者设计了多种基于铜-氧化亚铜结构的整流器和光伏电池。此后，Bergmann在1931年改善了基于硒薄膜的光伏器件，Nix在1939年报道了基于硫化铜材料的光伏器件。随着电子计算机的发展，人们对硅材料有了全面的研究和认识。1954年美国贝尔实验室首次开发出转换效率达到6%的单晶硅太阳能电池，并于1958年将其作为空间电源应用在先锋号卫星上。此后的十多年间，太阳能电池主要被应用于空间技术上。1976年，第一块效率为5%的铜铟硒异质结太阳能诞生。1980年，第一个效率大于8%的铜铟硒电池在美国研制成功。1985年，澳大利亚新南威尔士大学报道了效率大于20%的Si太阳能电池，掲起第二股研究太阳能电池的热潮。1991年，欧、美、日等国家和地区相继实施太阳电池发电的“屋顶计划”。2000年，世界光伏电池年产总量超过300MW，安装总量超过1000MW，这标志着太阳能时代的开始，是太阳能电池从实验室走向产业化的标志性阶段。2011年全球新增并网光伏装机容量27.7GW，同比增长66.9%；累计装机容量达到67.4GW，同比增长69.8%。全球光伏装机一年的能量输出相当于800亿千瓦时，足以供应2000万户家庭使用。2011年新增装机大部分位于欧洲国家，总计达到了约21GW，占比超过75%。全球新增容量超过1GW的光伏应用市场由3个增加到了6个，依次是意大利、德国、中国、美国、法国和日本，仅意大利和德国就占到全球总增量的近60%。光伏已成为继水电和风电之后，第三大最重要的可再生能源。值得注意的是，相当一部分光伏装机是2010年完成的，但在2011年才并入电网，纳入到报告统计范围，意大利和法国大部分都是这种情况。据EPIA估计，上述情况的装机数量在3~5GW之间。按照装机容量，全球前十大并网光伏应用市场如图1-2所示，自2000年以来全球光伏累计装机容量变化情况如图1-3所示。

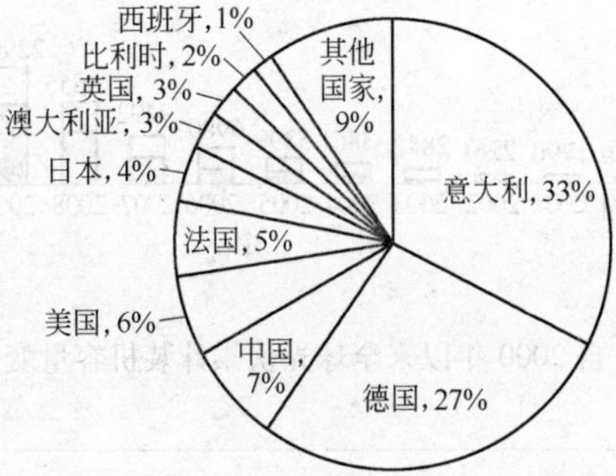

a

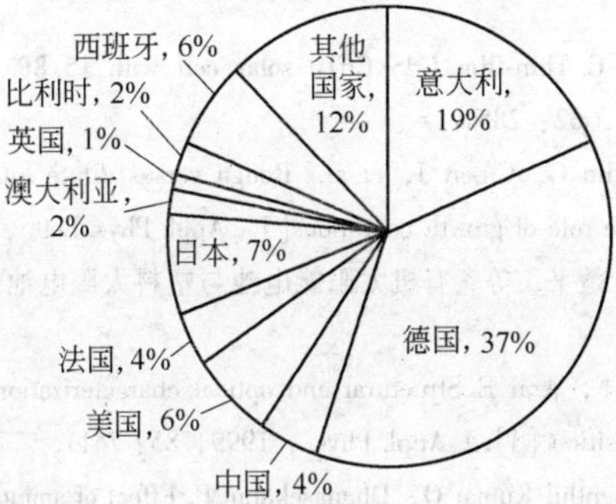

b

图1-2 全球前十大并网光伏应用市场

a—2011年新增容量十大市场；b—累计装机容量十大市场

从图中的数据可以看出，在世界范围内，光伏产业在近10年得到了长足的发展。总装机容量得到了迅速的提高，在产能扩大的同时，相应的成本在迅速的下降，尽管和传统能源相比还有很大的差距，但是在各国政府的推动下，太阳能清洁能源转换为电能的实用化已经初见端倪。

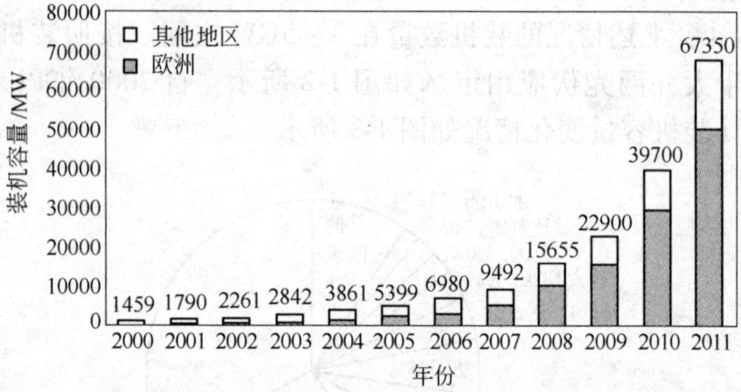

图 1-3 自 2000 年以来全球光伏累计装机容量变化情况

参 考 文 献

[1] Britt J, Feredides C. Thin-film CdS/CdTe solar cell with 15.8% efficiency[J]. Appl. Phys. Lett., 1993, 62: 2851.

[2] Grieshaber W, Bodin C, Cibert J, et al. Rough versus dilute interfaces in semiconductor heterostructures: the role of growth conditions[J]. Appl. Phys. Lett., 1994, 65: 287.

[3] 张正华，李陵，叶楚平，等. 有机太阳能电池与塑料太阳电池[M]. 北京：化学工业出版社，2006.

[4] Iehimura M, Goto F, Arai E. Structural and optical characterization of CdS films grown by photochemical deposition [J]. J. Appl. Phys., 1999, 85: 7411.

[5] Soundeswaran S, Senthil Kumar O, Dhanasekaran R. Effect of ammonium sulphate on chemical bath deposition of CdS thin films [J]. Mater. Lett., 2004, 58(19): 2381 ~ 2385.

[6] Jimbo K, Kimura R, Kamimura T, et al. Cu_2ZnSnS_4-type thin film solar cells using abundantmaterials [J]. Thin Solid Films, 2007, 515(15): 5997 ~ 5999.

[7] Kishore Kumar YB, Uday Bhaskar P, Suresh Babu G, et al. Effect of copper salt and thiourea concentrations on the formation of Cu_2ZnSnS_4 thin films by spray pyrolysis[J]. Phys. Status Solidi A, 2010, 207(1): 149 ~ 156.

[8] Chan C P, Lam H, Surya C. Preparation of Cu_2ZnSnS_4 films by electrodeposition using ionic liquids [J]. Sol. Energy Mater. Sol. Cells, 2010, 94(2): 207 ~ 211.

[9] Schubert Björn-Arvid, Marsen Björn, Cinque Sonja. Cu_2ZnSnS_4 thin film solar cells by fast coevaporation [J]. Prog. Photovoltaics, 2011, 19(1): 93 ~ 96.

[10] Katsuhiko M, Kunihiko T, Hisao U. Cu_2ZnSnS_4 thin films annealed in H_2S atmosphere for

solar cell absorber prepared by pulsed laser deposition[J]. Jpn. J. Appl. Phys., 2008, 47 (1): 602 ~ 604.

[11] Maeda K, Tanaka K, Fukui Y. Dependence on Annealing Temperature of Properties of Cu_2ZnSnS_4 Thin Films Prepared by Sol-Gel Sulfurization Method [J]. Jpn. J. Appl. Phys., 2011, 50(1): 558 ~ 593.

[12] Guo Q J, Hillhouse H W, Agrawal. Synthesis of Cu_2ZnSnS_4 nanocrystal ink and its use for solar cells [J]. J. Am. Ceram. Soc., 2009, 131(33): 11672 ~ 11673.

[13] Katagiri H, Jimbo K, Kimura R, et al. Enhanced conversion efficiencies of Cu_2ZnSnS_4-based thin film solar cells by using preferential etching technique[J]. Applied Physics Express, 2008, 1(4): 041201. 1 ~ 04201. 2.

2 太阳能电池的基本原理

2.1 金属与半导体的导电机理

2.1.1 自由电子

从金属的物质结构来解释金属材料的导电机制。以铜原子为例，其原子核外面有 29 个电子，这些电子的分布是分层的，离原子核最远的那一层只要一个电子，它与原子核的结合力最弱，很容易受到相邻原子核的作用，而脱离它原来所属的那个原子，成为一个不属于任何一个原子所有而是属于整个晶体所有的电子。这样的电子能在整个晶体中运动，称为“自由电子”。在室温下，每立方厘米的铜晶体中有 8.45×10^{22} 个铜原子（其晶格形式如图 2-1 所示）。假设每个铜原子有一个电子变成自由电子；每立方厘米有 8.45×10^{22} 个铜原子，显然每立方厘米也会有 8.45×10^{22} 个电子。基于同样道理分析，也可以知道其他导体中，每立方厘米的晶体中自由电子的浓度也是非常高的。

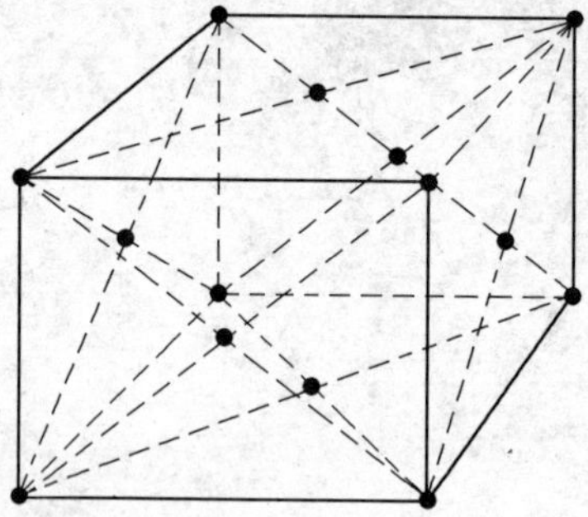

图 2-1　铜晶胞模型

2.1.2 金属电导率

因为晶体内有大量的不断振动的原子和大量自由运动的电子，所以任何一个电子的运动都不可避免地、经常地碰到其他原子和电子，每次碰撞都会改变其运动方向，因而这些自由电子在晶体内的运动是杂乱无章的。如果在金属两端施加一定的外加电压，自由电子的运动就要受到电场力的作用。尽管它在运动中还是会与其他原子和电子相碰撞，但每次碰撞之后会在电场力的作用下，顺着电场力的方向加速运动（电子带负电荷，电场力的方向正好与电场的方向相反），其总的运动结果好像是自由电子在与电场力的方向相反的方向上作直线运动。有直线运动就有直线速度。显然这个直线速度是与电场强度成正比的。将单位电场强度（每厘米长度的电压差为1V，即1V/cm）下的直线速度叫做自由电子的“迁移率”，用μ来表示。

当电压作用于一个导体上时，其中的自由电子都会以一定的速度从导体的一端迁移到另一端，也就是电荷从一端流向另一端。这就是导体传导电流的过程。很明显，一个物体的导电能力的大小，就依赖于自由电子浓度（用n表示，单位是个/cm^3）的高低和其迁移率μ（$cm^3/(s \cdot V)$）的大小。为了说明物体的导电能力，特引入电导率这个概念，即：

$$\sigma = en\mu \tag{2-1}$$

式中，e为电子所带的电荷。将电导率的倒数称为电阻率。

2.1.3 半导体的导电机理

半导体从广义上来讲，就是在常温下导电性能介于导体与绝缘体之间的材料。其导电能力要比导体小得多，而比绝缘体大得多。半导体与金属导体导电的机理有本质的不同。与金属导体相比，半导体的电导率比金属的电导率至少小2~3个数量级，这只是半导体与金属导体在电导率量上的区别，更重要的是它们还有本质上的区别。金属和半导体的电导率随温度的变化趋势是完全相反的。随温度的变化，金属中自由电子的浓度是始终保持不变的，即使把温度降到绝对零度，浓度还是不会发生改变，温度和外来杂质只是稍微影响其迁移率的大小。因此金属的电导率与温度、杂质的关系比较小。半导体与此相反，在绝对零度下，没有自由电子，温度的升高、杂质的激活都使半导体的自由电子浓度显著增加，即半导体的电导率与温度高低、杂质含量的关系非常大。

半导体材料的种类繁多，包括晶态半导体、非晶态的玻璃半导体、有机半导体等。人们对半导体材料的认识和研究是从晶态半导体开始的。从单一元素半导体开始，到二元化合物半导体，三元及多元化合物半导体等。Ⅳ族元素硅和锗是最常用的元素半导体；化合物半导体包括Ⅲ-Ⅴ族化合物（砷化镓、磷化铟等）、Ⅱ-Ⅵ族化合物（硫化镉、硒化锌等）、氧化物（锰、铬、铁、铜的氧化物），以及由Ⅲ-Ⅴ族化合物和Ⅱ-Ⅵ族化合物组成的固溶体（镓铝砷、镓砷磷等）。

从半导体的电学角度出发，常规的半导体材料一般具备以下五大特征：电阻率特性、导电特性、光电特性、负的电阻率温度特性、整流特性。

这里以有代表性的硅原子为例说明半导体的导电机理。硅为元素半导体，原子序数是14，所以原子核外面有14个电子，其中内层的10个电子被原子核紧密地束缚住，而外层的4个电子受到原子核的束缚较小，如果得到足够的能量，就能脱离原子核的束缚而成为自由电子，并同时在原来的位置留出一个空穴。电子带负电，空穴带正电。硅原子核外层的这4个电子又称为价电子。硅原子示意图如图2-2所示。

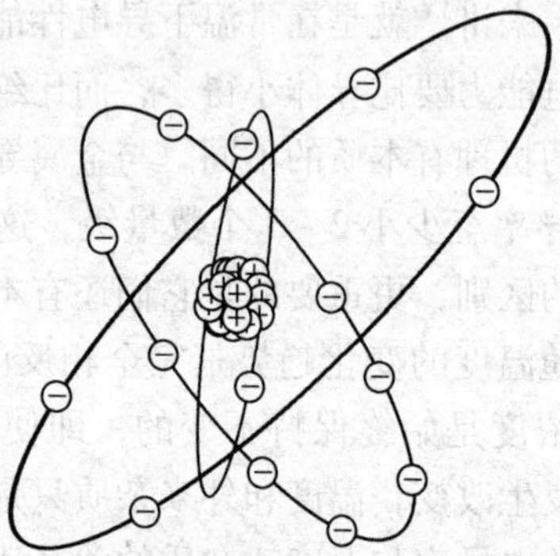

图2-2 硅原子示意图

在硅晶体中每个原子周围有 4 个相邻原子，并和每一个相邻原子共有 2 个价电子，形成稳定的 8 个原子壳层。硅晶体的共价键结构如图 2-3 所示。从硅的原子中分离出一个电子需要 1.12eV 的能量，该能量称为硅的禁带宽度。

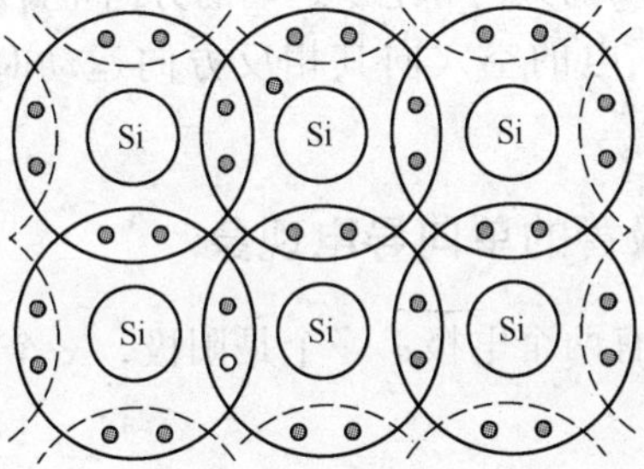

图 2-3　硅晶体的共价键结构

当价电子受到足够光或热作用时（即得到足够的能量时），就会脱离原子核的束缚而成为自由电子，同时在原来的位置上因逸出一个电子而留下一个空穴，如图 2-4 所示。

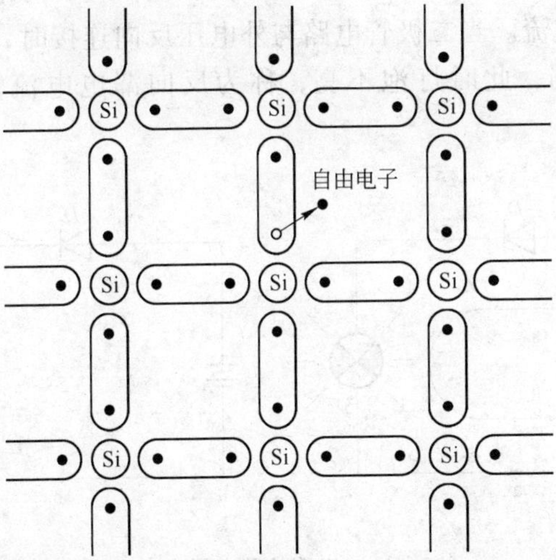

图 2-4　硅晶体结构与电子-空穴对的产生

纯净的半导体中有一个自由电子，就必然有一个空穴，两者的数量是相等的。在有外界电场作用时，自由电子沿着与电场相反的方向运动，同时在空穴邻近的电子由于热运动脱离原来原子的束缚而填充到这个空穴，但又在原位置处留下一个新的空穴。这样空穴也在相应地发生运动，它运动的方向和电子运动的方向正好相反。电子流动所产生的电流与带正电的空穴向其相反方向运动时产生的电流是等效的。

2.2 半导体二极管的单向导电现象

半导体二极管有两个电极：一个是阳极，一个是阴极，如图 2-5 所示。

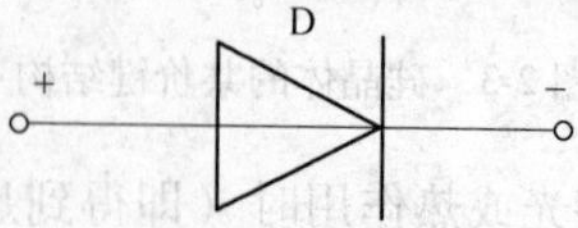

图 2-5 二极管符号图

当二极管电路与外电压相接（正向相接）时，灯泡通过较大电流称为正向电流。当二极管电路与外电压反向连接时，灯泡通过的电流非常微弱，此时灯泡不亮，称为反向漏电电流，如图2-6所示。

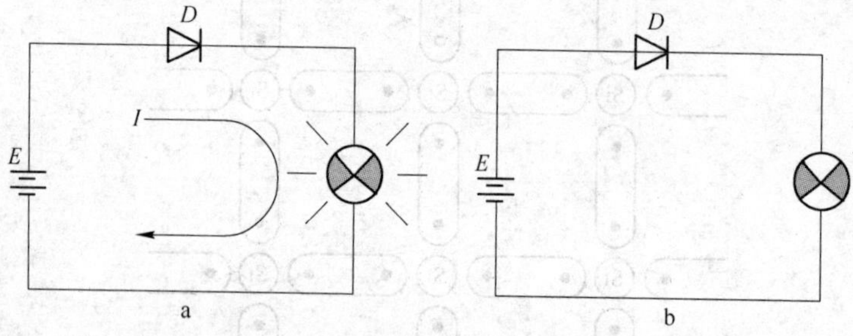

图 2-6 二极管的单向导电现象

a—正向连接；b—反向连接

因此，可以认为二极管只允许电流从一个方向流过。这种只允许电流从一个方向流过的特性称为二极管的单向导电特性。制作太阳能光伏发电的材料经过掺杂后也与二极管一样具有同样的单向导电特性。

2.3 半导体的能带结构

无论电子和空穴怎样运动，它们肯定都有很多运动状态。在未受到外来能量刺激时，这些运动状态都是稳定的，并具有一定的能量。通常情况下用能量来表示这些运动状态，就是用“能级”来表明各种不同的运动状态。当载流子受到外界能量作用时，就会从低能量的运动状态进入高能量状态，即载流子从低能级跃迁到高能级。因此，原子中的电子运动状态可用能级来表示。通常处于原子核外围运动着的电子能量较高，处于原子核内部运动着的电子能量较低。对于大量的运动电子，每个运动状态的能量是不相等的，它们均匀分配在最高能量与最低能量之间，这些能级实际上组成了一个在能量上可以认为是连续的带，称为“能带”。

图 2-7b 所示是半导体的能带。因为每个能级只允许有两个电子，那么硅原子外围有 4 个价电子，就有两个能级，有两个能级就应该有两个能带；因而两个能带正好被 4 个价电子占满。图中从能量 1 到能量 2 的能带就是两个能带中较高的一个能带，因为被电子占满，所以称为“满带”，又称为“价带”。在 2 ~ 3 的一段能量上没有可能的运动状态，因而称为“禁带”。3 ~ 4 之间，又是电子在晶体中可能的运动状态。在绝对零度的条件下，满带中的每个能级都有两个电子，因而没有导电能力。当升到一定温度时，满带中的电子受到热的激发，

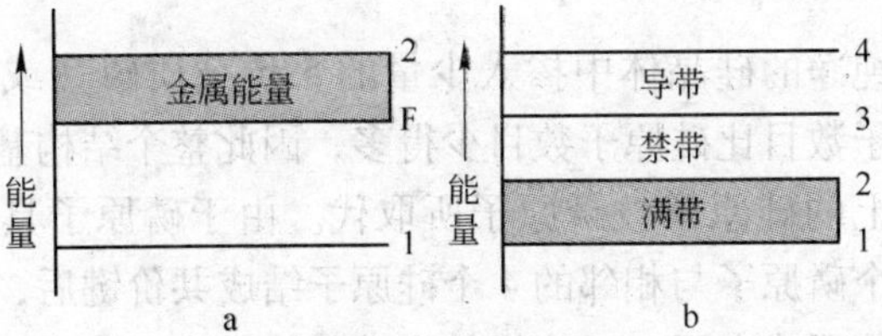

图 2-7　晶体的能带禁带

a—金属；b—半导体

获得足够的能量进入上面的那个能带（“导带”）。

2.4 P型半导体和N型半导体

2.4.1 P型半导体

如果在纯净的硅晶体中掺入少量的3价杂质硼（或铝、镓、铟等），因为这些3价杂质原子的最外层只有3个价电子，所以晶体中就存在因共价键缺少电子而形成的空穴，如图2-8所示。这些空穴的数量远远超过原来未掺杂质时的电子和空穴的数量。因此在全部载流子中占大多数的是空穴。由于3价杂质原子可以接受电子而被称为受主杂质，因此掺入3价杂质的4价半导体被称为空穴半导体，也被称为P型半导体。

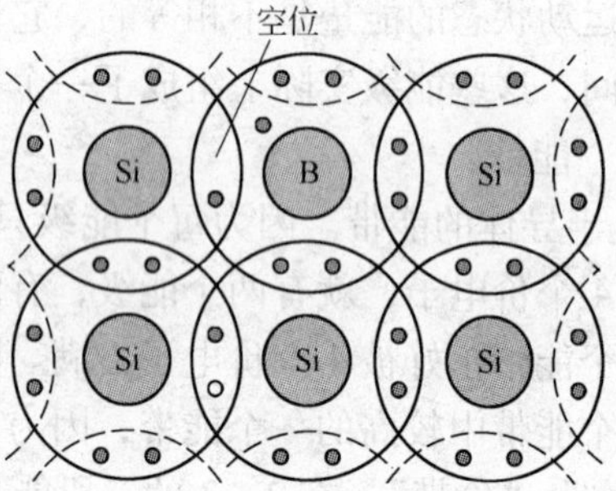

图2-8 P型半导体示意图

2.4.2 N型半导体

如果在纯净的硅晶体中掺入少量的5价杂质磷（或砷、锑等），由于磷的原子数目比硅原子数目少得多，因此整个结构基本不变，只是某些位置上的硅原子被磷原子所取代。由于磷原子具有5个价电子，所以1个磷原子与相邻的4个硅原子结成共价键后，必然会多出一个电子不能形成电子对。这样就会在晶体中出现许多被排斥在共价键以外的自由电子，从而使得硅晶体中的电子载流子数目远远超过原来未掺杂质时的电子和空穴的数量。电子称为多数载流子，空穴称为少数载流子。掺入的5价杂质原子又成为施主。所以，一个掺入5价杂质的4价半导体，就成了电子导电类型的半导体，也称之为N型半导体，如图2-9所示。

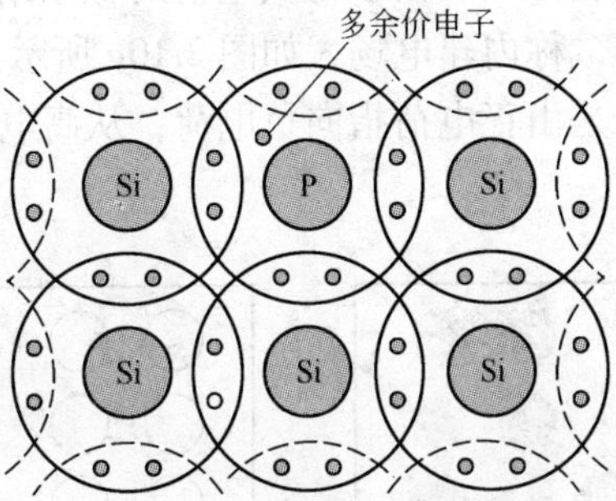

图2-9 N型半导体示意图

由于纯净的硅晶体中掺入的杂质不同，两种类型的半导体中的多数载流子和少数载流子数量也就不同。整个半导体内正、负电荷处于平衡状态，可是整体的导电能力要比纯净的硅晶体强得多。这也是利用硅作为太阳能电池材料的基本原理。

2.4.3 PN结

导体材料中虽然有大量的自由电子，但材料本身并不带电。同样，无论是P型半导体，还是N型半导体，它们虽然有大量的载流子，但它们本身在没有外界条件作用下，仍然是不带电的中性物质。但是，如果把P型半导体和N型半导体紧密结合起来，那么在两者交界处就形成PN结。PN结是构成太阳能电池、二极管、三极管、可控硅等多种半导体器件的基础。

2.4.3.1 扩散运动与漂移运动

基于扩散作用，物质总是由浓度大的地方向浓度小的地方运动。当P型半导体和N型半导体紧密结合成为一体时，在两者交界处，由于P区的空穴浓度大于N区，N区的电子浓度大于P区，因此产生载流子的扩散运动。于是N型区域的电子向P型区域扩散，如图

2-10a 所示。在 N 区附近的薄层 A 由于失去电子而带正电；P 型区域的空穴向 N 型区域扩散，如图 2-10b 所示。可知，在 P 区附近的薄层 B 由于失去空穴而带负电。结果，在 PN 区交界上就形成了带正电的薄层 A 和带负电的薄层 B，由于正负电荷的积累结果，在 A、B 间便形成了一个内电场，称内建电场，如图 2-10c 所示。其方向是由 B 指向 A（电场的方向是由正电荷指向负电荷，从高电位指向低电位）。

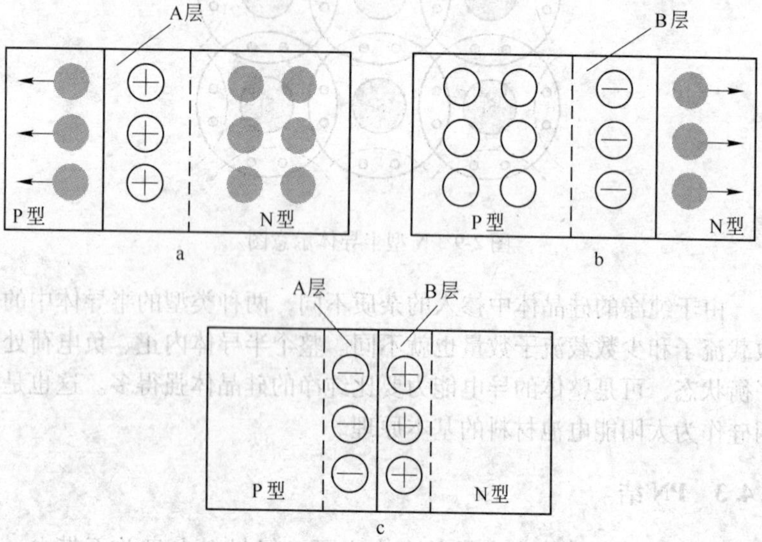

图 2-10　PN 结电子与空穴的扩散

由于有了内电场的存在，就对电荷的运动产生了影响。电场会推动正电荷顺着电场的方向运动，而阻止其逆着电场的方向运动；同时电场吸引负电荷逆着电场的方向运动，而阻止其顺着电场的方向运动。很明显，对于这个内电场，一方面阻止 N 型区的电子继续向 P 型区扩散，P 型区的空穴向 N 型区扩散，也就是对多数载流子的扩散运动起阻碍作用。另一方面，又促使 P 型区中含量极少的电子（P 型半导体中的少数电子载流子）向 N 型区运动，N 型区含量极少的空穴（N 型半导体中的少数空穴载流子）向 P 型区运动。这种少数载流子在电场作用下有规则的运动称为“漂移运动”，其运动方向与扩散运动方向相反，因此起着相互阻碍和制约的作用，故A、B层称为阻挡层，也叫PN结。

由于PN结内部存在着两个方向相反的扩散运动和漂移运动，在开始时，扩散运动占优势，薄层A和B越来越厚，但随着电子和空穴的不断扩散，形成的内电场越来越强，于是在内电场作用下漂移运动也越来越强，直到漂移运动与扩散运动达到动态平衡时，N型区的电子和P型区的空穴数目便不再增加，阻挡层的厚度也不再发生变化。此时的阻挡层的厚度约为$10^{-4}\sim10^{-5}$cm。当然，这时的漂移运动与扩散运动仍然继续进行，只不过两者处于动态平衡状态而已，宏观表现出二极管的总电流为零。

2.4.3.2 PN结的导通和截止

如果把PN结接上正向电压（外部电压正极接P区，负极接N区），如图2-11a所示，这时的外电场的方向与内电场方向相反。外

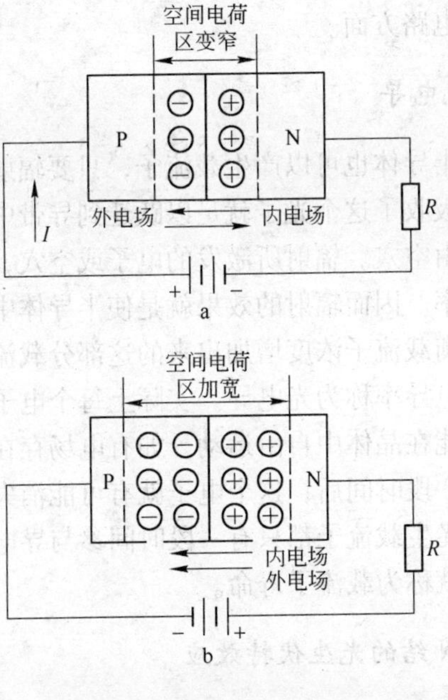

图2-11 PN结单向导电特性

电场使N区的电子向左移动，使P区的空穴向右移动，从而使原来的空间电荷区的正电荷和负电荷得到中和，电荷区的电荷量减少，空间电荷区变窄，即阻挡层变窄，因此外电场起削弱内电场的作用，这大大地有利于扩散运动。于是，多数载流子在外电场的作用下顺利通过阻挡层，同时外部电源又源源不断地向半导体提供空穴和电子。因此电路出现较大的电流，叫做正向电流。所以，PN结在正向导通时的电阻是很小的。

相反，如果把PN结接上反向电压（外部电压负极接P区，正极接N区），如图2-11b所示。这时的外电场的方向与内电场方向一致。加强了内电场，使空间电荷区加宽，即阻挡层变宽。这样，多数载流子的扩散运动变得无法进行下去。不过，漂移运动会因内电场的增大而加强。但是，漂移电流是半导体中少数载流子形成的，它的数量很小。因此PN结加反向电压时，反向电流极小，呈现很大的反向电阻，基本上可以认为没有电流通过，将这种现象称为“截止”。

由于PN结具有上述单向导电特性，所以半导体二极管广泛使用在整流、检波等电路方面。

2.4.3.3 光电导

以辐射照射半导体也可以产生载流子，只要辐射光子的能量大于禁带宽度，电子吸收了这个光子就足以跃迁到导带中去，产生一个自由电子和一个自由空穴。辐射所激发的电子或空穴，在进入导带或满带后，具有迁移率。因而辐射的效果就是使半导体中的载流子浓度增加。相比于热平衡载流子浓度增加出来的这部分载流子称为光生载流子，相应增加的电导率称为光电导。实际上每个电子吸收一个光子而进入导带后，就能在晶体中自由运动。如有电场存在，这个电子就参与导电。但经过一段时间后，这个电子就有可能消失掉，不再参与导电。事实上任何光生载流子都只有一段时间参与导电。这段时间有长有短，其平均值就称为载流子寿命。

2.4.3.4 PN结的光生伏特效应

太阳能电池的工作原理是基于半导体的光生伏特效应。光生伏特效应是指光照时不均匀半导体（或半导体）与金属结合的部位产生电位差的现象。当太阳光照到太阳能电池上后，可在 PN 结及其附近激发大量的电子、空穴对，如果这些电子、空穴对产生在 PN 结附近的一个扩散长度范围内，便有可能在复合前通过扩散运动进入 PN 结的强电场区内。在强电场的作用下，电子被扫到 N 区，空穴被扫到 P 区，从而使 N 区带负电，P 区带正电。若在 PN 结两侧引出电极并接上负载，则负载中就有“光生电流”流过，从而获得功率输出，光能就直接变成了实用的电能，这就是太阳能电池的基本工作原理[1]。

“光生电流”过程如图 2-12 所示，主要包括两个关键的步骤：第一个步骤是半导体材料吸收光子产生电子-空穴对，并且只有当入射光子的能量大于半导体的禁带宽度时，半导体内才能产生电子-空穴对。P 型半导体中的电子和 N 型半导体中的空穴处在一种亚稳定的状态，复合前存在的时间是很短暂的，若扩散前载流子发生了复合则无法产生所谓的“光生电流”。第二个步骤是 PN 结对载流子的收集。当电子、空穴对扩散到 PN 结时，PN 结的内电场能立即将电子和空穴在空间上分隔开来，从而阻止了复合的发生，电子-空穴对会被扫到相应的区域，这样就从光生少数载流子变为多数载流子，若此时负载与太阳能电池接通则就会有电流产生。

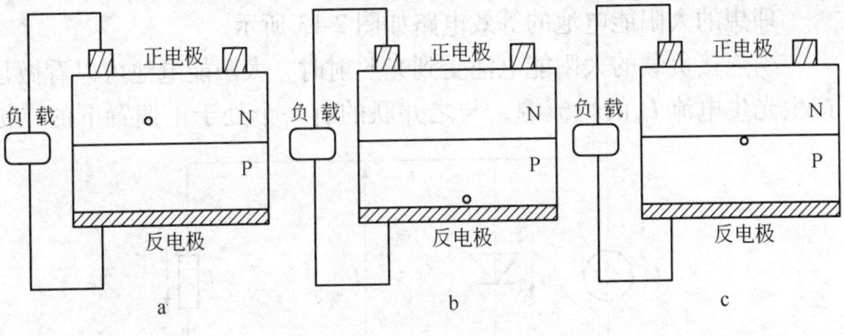

图 2-12 “光生电流”示意图

a—吸收光子产生电子—空穴对；b—少数载流子通过 PN 结成为多数载流子（以空穴为例）；c—电子通过负载后与空穴复合，完成一次循环

2.5 太阳能电池的等效电路及主要技术参数

2.5.1 标准测试条件

由于太阳能电池组件的输出功率取决于太阳辐照度、太阳能光谱的分布和太阳能电池的温度，因此太阳能电池组件的测量在标准条件下（STC）进行，测量条件被欧洲委员会定义为101号标准，其条件是：

光谱辐照度：1000W/m^2；

大气质量系数：AM1.5；

太阳电池温度：25℃。

AM表示太阳光线射入地面所通过的大气量，也是假设正上方太阳垂直照射的日照射为AM=1时，用其倍率表示的参数。如AM=1.5是光的通过距离为1.5倍，相当于太阳光线与地面的夹角为42°。

在该条件下，太阳能电池组件所输出的最大功率被称为峰值功率，表示为W_p（peak watt）。在很多情况下，组件的峰值功率通常用太阳模拟仪测定并和国际认证机构的标准化的太阳能电池进行比较。

2.5.2 太阳能电池的等效电路

2.5.2.1 理想的太阳能电池的等效电路

理想的太阳能电池的等效电路如图2-13所示。

当连接负载的太阳能电池受到光照射时，太阳能电池可以看做是产生光生电流I_{ph}的恒流源，与之并联的有一个处于正偏置下的二极

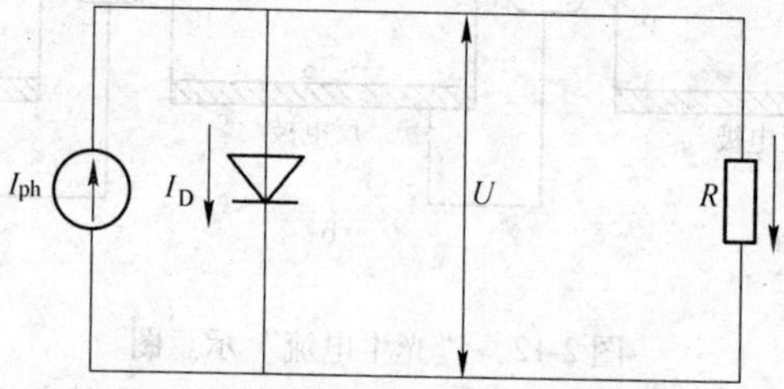

图2-13 理想的太阳能电池的等效电路

管，通过二极管PN结的漏电电流 I_D 称为暗电流，是在无光照时，在外电压作用下PN结内流过的电流，其方向与光生电流方向相反，会抵消部分光生电流，I_D 的表达式为：

$$I_D = I_0[e^{qU/(AKT)} - 1] \tag{2-2}$$

式中 I_0——反向饱和电流，在黑暗中通过PN结的少数载流子的空穴电流和电子电流的代数和；

U——等效二极管的端电压；

q——电子的电量；

T——绝对温度；

A——二极管曲线因子，取值在1~2之间。

因此，流过负载两端的工作电流为：

$$I = I_{ph} - I_D = I_{ph} - I_0[e^{qU/(AKT)} - 1] \tag{2-3}$$

2.5.2.2 实际的太阳能电池的等效电路

实际上，太阳能电池本身还另有电阻，一类是串联电阻，另一类是并联电阻（又称旁路电阻）。前者主要是由半导体材料的体电阻、金属电极与半导体材料的接触电阻、扩散层横向电阻以及金属电极本身的电阻四个部分产生的 R_s，其中扩散层横向电阻是串联电阻的主要形式，串联电阻通常小于1Ω；后者是由电池表面污染、半导体晶体缺陷引起的边缘漏电或耗尽区内的复合电流等产生的旁路电阻 R_{sh}，一般为几千欧。实际的太阳能电池的等效电路如图2-14所示。

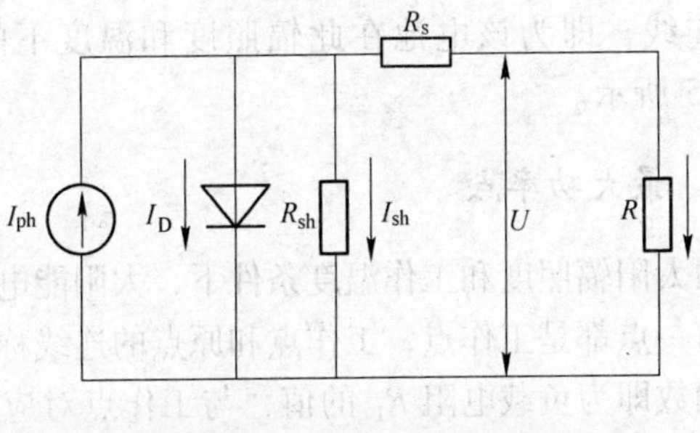

图2-14 实际的太阳能电池的等效电路

在旁路电阻 R_{sh} 两端的电压为 $U_j = (U + IR_s)$，因此流过旁路电阻 R_{sh} 的电流为 $I_{sh} = (U + IR_s)/R_{sh}$，而流过负载的电流为：

$$I = I_{ph} - I_D - I_{sh} = I_{ph} - I_0 [e^{qU/(AKT)} - 1] - (U + IR_s)/R_{sh} \tag{2-4}$$

显然，太阳能电池的串联电阻越小，旁路电阻越大，越接近于理想的太阳能电池，该太阳能电池的性能也就越好。就目前的太阳能电池制造工艺水平来说，在要求不很严格时，可以认为串联电阻接近于零，旁路电阻趋近于无穷大，也就是可当做理想的太阳能电池看待，这时可以用式（2-3）来代替式（2-4）。此外，实际的太阳能电池的等效电路还应该包含由 PN 结形成的结电容和其他分布电容，但考虑到太阳能电池是直流设备，通常没有交流分量，因此这些电容的影响也可以忽略不计。

2.5.3 太阳能电池的主要技术参数

2.5.3.1 伏安特性曲线

由式（2-4）可知，当负载 R 从 0 变到无穷大时，负载 R 两端的电压 U 和流过的电流 I 之间的关系曲线，即为太阳能电池的负载特性曲线，通常称为太阳能电池的伏安特性曲线，以前也习惯称为 I-V 特性曲线。实际上，通常并不是通过计算，而是通过实验测试的方法来得到的。在太阳能电池的正负极两端，连接一个可变电阻 R，在一定的太阳辐照度和温度下，改变电阻值，使其由 0（即短路）变到无穷大（即开路），同时测量通过电阻的电流和电阻两端的电压。在直角坐标图上，以纵坐标代表电流，横坐标代表电压，测得各点的连线，即为该电池在此辐照度和温度下的伏安特性曲线，如图 2-15 所示。

2.5.3.2 最大功率点

在一定的太阳辐照度和工作温度条件下，太阳能电池的伏安特性曲线上的任何一点都是工作点，工作点和原点的连线称为负载线，负载线斜率的倒数即为负载电阻 R_L 的值，与工作点对应的横坐标为工作电压 U，纵坐标为工作电流 I。电压 U 和电流 I 的乘积即为输出功

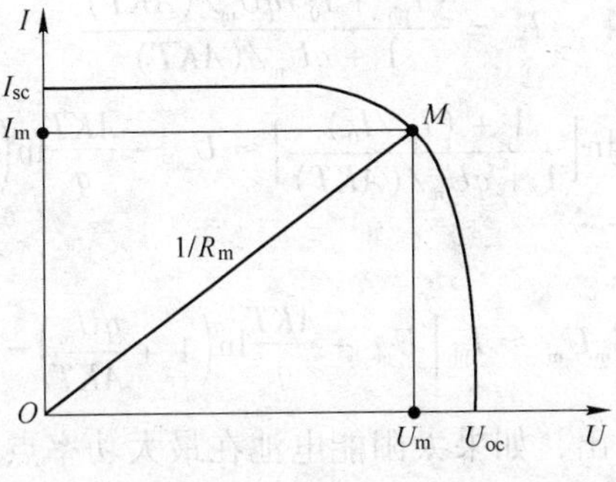

图 2-15 太阳能电池的伏安特性曲线

率。调节负载电阻 R_L 到某一值时，在曲线上得到一点 M，对应的工作电流 I_m 和工作电压 U_m 的乘积为最大，即：

$$P_m = I_m U_m = P_{max} \tag{2-5}$$

则称 M 点为该太阳能电池的最佳工作点（或最大功率点），I_m 为最佳工作电流，U_m 为最佳工作电压，R_m 为最佳负载电阻，P_m 为最大输出功率。

也可以通过伏安特性曲线上的某个工作点作一条水平线，与纵坐标相交点为 I；再作一垂直线，与横坐标相交点为 U。这两条线与横坐标和纵坐标所包围的矩形面积，在数值上就等于电压 U 和电流 I 的乘积，即输出功率。伏安特性曲线上的任意一个工作点，都对应一个确定的输出功率。通常，不同的工作点输出功率也不一样，但总可以找到一个工作点，其包围的矩形（OI_mMU_m）面积最大，也就是其工作电压 U 和电流 I 的乘积最大，因而输出功率也最大，该点即为最佳工作点，即：

$$P = UI = U\{I_{ph} - I_0[e^{qU/(AKT)} - 1]\}$$

在此最大功率点，有 $dP_m/dU = 0$，因此有：

$$\left(1 + \frac{qU_m}{AKT}\right)e^{\frac{qU_m}{AKT}} = \frac{I_{ph}}{I_0} + 1$$

整理后可得：

$$I_m = \frac{(I_{ph} + I_0) qU_m/(AKT)}{1 + qU_m/(AKT)} \tag{2-6}$$

$$U_m = \frac{AKT}{q}\ln\left[\frac{1 + (I_{ph}/I_0)}{1 + qU_m/(AKT)}\right] \approx U_{oc} - \frac{AKT}{q}\ln\left(1 + \frac{qU_m}{AKT}\right) \tag{2-7}$$

最后得:

$$p_m = I_m U_m \approx I_{ph}\left[U_{oc} - \frac{AKT}{q}\ln\left(1 + \frac{qU_m}{AKT}\right) - \frac{AKT}{q}\right] \tag{2-8}$$

由图 2-15 看出，如果太阳能电池在最大功率点左边工作，也就是电压从最佳工作电压下降时，输出功率要减小；而超过最佳工作电压后，随着电压上升，输出功率也要减小。

通常太阳能电池所标明的功率，是指在标准工作条件下最大功率点所对应的功率。而在实际工作时往往并不是在标准测试条件下工作，而且一般也不一定符合最佳负载的条件，再加上太阳辐照度和温度随时间在不断变化，所以真正能够达到额定输出功率的时间很少。有些光伏系统采用“最大功率跟踪器”，可在一定程度上增加输出的电能。

2.5.3.3 短路电流

在接有外电路的情况下，若将外电路短路，则负载电阻、光生电压和光照时流过 P、N 结的正向电流均为零。此时 PN 结中的电流等于它的光生电流，我们称之为短路电流，用 I_{sc} 表示。当 $U=0$ 时，$I_{sc}=I_L$。I_L 为光生电流，正比于光伏电池的面积和入射光的辐照度。$1cm^2$ 光伏电池的 I_L 值为 16 ~ 30mA。升高环境的温度，I_L 值也会略有上升，一般来讲温度每升高 1℃，I_L 值上升 78μA。

一个理想的光伏电池，因串联的 R_s 很小、并联电阻的 R_{sh} 很大，所以进行理想电路计算时，它们都可忽略不计。所以根据式（2-9），可以得到图 2-16，短路电流随着光强的增加而呈线性增长。

但在实际过程中，就要将串联电阻和并联电阻都考虑进去，则 I_{sc} 的方程如下：

$$I_{sc} = I_L - I_D - I_P = I_L - I_s\left[e^{\frac{q(V+IR_s)}{kT}} - 1\right] - \frac{U + IR_s}{R_{sh}} \tag{2-9}$$

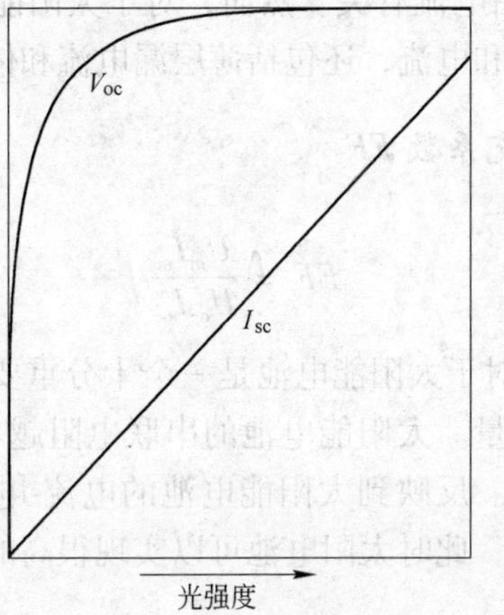

图 2-16 短路电流和开路电压随光强的变化

当负载被短路时，$U=0$，并且此时流经二极管的暗电流非常小，可以忽略，则上式可变为：

$$I_{sc} = I_L - I_{sc}\frac{R_s}{R_{sh}} \Rightarrow I_{sc} = \frac{I_L}{1+\frac{R_s}{R_{sh}}} \tag{2-10}$$

由此可知，短路电流总是小于光生电流 I_L，且 I_{sc} 的大小也与 R_s 和 R_{sh} 有关。

2.5.3.4 开路电压 U_{oc}

将 PN 结开路时，即负载电阻无穷大，则流过负载的电流为零。此时的电压称为开路电压，用 U_{oc} 表示：

$$U_{oc} = \frac{KT}{q}\ln\left(\frac{I_L}{I_s}+1\right) \tag{2-11}$$

太阳能电池的光伏电压与入射光辐照度的对数成正比，如图 2-16 所示。随光强的增加而呈现出对数上升趋势，并逐渐达到最大值。U_{oc} 与环境温度成反比，并且与电池面积的大小无关。环境温度每上升 1℃，U_{oc} 值约下降 2～3mV。该值一般用高内阻的直流毫伏计测量。另外 U_{oc} 还与暗电流有关。然而，对于太阳能电池而言，暗电流不仅仅包括反向饱和电流，还包括薄层漏电流和体漏电流。

2.5.3.5 填充系数 *FF*

$$FF = \frac{U_m I_m}{U_{oc} I_{oc}} \tag{2-12}$$

填充系数 *FF* 对于太阳能电池是一个十分重要的参数，其可以反映太阳能电池的质量。太阳能电池的串联电阻越小，并联电阻越大，填充系数也就越大。反映到太阳能电池的电流-电压特性曲线上则是接近正方形的曲线，此时太阳电池可以实现很高的转换效率。

2.5.3.6 转换效率 η

转换效率的公式为：

$$\eta = \frac{I_m U_m}{P} = \frac{FFI_{oc} U_{oc}}{P} \tag{2-13}$$

式中，P 为太阳辐射功率，从上式我们可以得到：填充系数越大，太阳能电池的转换效率也就越大。

2.5.3.7 电流温度系数

当温度变化时，太阳能电池的输出电流会产生变化，在规定的实验条件下，温度每变化1℃，太阳能电池短路电流的变化值称为电流温度系数，通常用 α 表示，有：

$$I_{sc} = I_0(1 + \alpha\Delta T) \tag{2-14}$$

对于一般的晶体硅太阳能电池，$\alpha = +(0.06 \sim 0.1)\%/℃$，这表示温度升高时，短路电流会略有上升。

2.5.3.8 电压温度系数

当温度变化时，太阳能电池的输出电压也会产生变化，在规定的实验条件下，温度每变化1℃，太阳能电池开路电压的变化值称为电压温度系数，通常用 β 表示，有：

$$U_{oc} = U_0(1 + \beta\Delta T) \qquad (2\text{-}15)$$

对于一般的晶体硅太阳能电池，$\beta = -(0.3 \sim 0.4)\%/℃$，这表示温度升高时，开路电压要下降。

2.5.3.9 功率温度系数

当温度变化时，太阳能电池的输出功率也会产生变化，在规定的实验条件下，温度每变化1℃，太阳能电池输出功率的变化值称为功率温度系数，通常用 γ 表示。由于 $I_{sc} = I_0(1 + \alpha\Delta T)$，$U_{oc} = U_0(1 + \beta\Delta T)$。其中，$I_0$ 为25℃时的短路电流，U_0 为25℃时的开路电压，因此，理论最大输出功率为：

$$\begin{aligned} P_{max} &= I_{sc}U_{oc} = I_0U_0(1 + \alpha\Delta T)(1 + \beta\Delta T) \\ &= I_0U_0[1 + (\alpha + \beta)\Delta T + \alpha\beta\Delta T^2] \end{aligned}$$

忽略平方项，得到：

$$P_{max} = P_0[1 + (\alpha + \beta)\Delta T] = P_0(1 + \gamma\Delta T) \qquad (2\text{-}16)$$

例如，对于 M55 单晶硅太阳能电池组件，$\alpha = 0.032\%/℃$，$\beta = -0.41\%/℃$，因此其理论最大功率温度系数 $\gamma = -0.378\%/℃$。对于一般的晶体硅太阳能电池，$\gamma = -(0.35 \sim 0.5)\%/℃$。不同太阳能电池的温度系数有些差别，非晶硅太阳能电池的温度系数要比晶体硅太阳能电池小。

总体而言，在温度升高时，虽然太阳能电池的工作电流有所增加，但工作电压却下降，而且后者下降较多，因此总的输出功率要下降，所以应尽量使太阳能电池在较低的温度环境下工作。

2.5.4 影响电池效率的一些因素

2.5.4.1 光吸收率

太阳能电池并不能将照射在其上的所有太阳光全部吸收，有一部分会被反射或散射，也有一部分会透射过去。所以提高电池对太阳光的吸收是至关重要的，目前主要有两个解决思路，一是减少对太阳光的反射和散射，通常的做法是将窗口层的表面做成绒面状，使光的入射角度增大，从而有效地减少光的反射和散射；另一个思路是减少太阳光的透射，增加电池吸收层的厚度就可以有效地提高对太阳光的吸收率。太阳能电池对光的吸收能力与厚度的关系如下式表示：

$$I = I_0 e^{-\alpha x} \tag{2-17}$$

式中，I_0 为入射光的总能量；I 为距离物体表面 x 处光的能量；α 为材料的吸收系数。从上式可以看出，当厚度增加到一定程度时，就可以吸收几乎全部的太阳光。

2.5.4.2 带隙类型

半导体材料分为直接带隙半导体和间接带隙半导体两种。直接带隙半导体的电子在跃迁时，由于导带底的最小值和价带顶的最大值有着相同的波矢量，电子可以直接跃迁而不发生其他任何变化。间接带隙半导体的电子在跃迁时则不同，因为间接带隙半导体材料的导带底最小值和价带顶的最大值具有不同的波矢量，电子在跃迁的同时还要发射或吸收声子，这使得间接带隙半导体的吸收系数比直接带隙半导体要低很多，一般在 2 ~3 个数量级。

2.5.4.3 载流子的寿命

太阳能电池在吸收太阳光产生电子空穴对之后，若电子或空穴未能及时导出，就会发生复合，电子空穴对从产生到复合的这段时间，叫做载流子寿命，又叫复合寿命。对于太阳能电池来说，载流子的寿命越长越好，这样可以增加电池的短路电流，从而提高电池的转换效率。在理想的情况下，一种材料的载流子寿命是固定的。但是在现实情况下，由于材料的纯度不够高以及制造过程中产生的一些缺陷都可以形成复合中心。复合中心的存在对于延长载流子的寿命来说是一个很大的障碍，所以在电池的制备过程中，应采取必要的工艺处理，减少载流子的复合中心，延长载流子的寿命。

2.5.4.4 光照强度

我们都有这样一个常识，即阴天的时候太阳能电池产生的能量要远远小于晴天时太阳能电池产生的能量。太阳光的入射强度直接制约了太阳能电池的工作效率。我们平时所使用的 AM1.5 标准光照条件是指天顶角为48°时太阳光入射的情况，光强是100mW/cm²。在实际使用时，我们可以使用增大光照强度的方法提高太阳能电池的功率，最简单的方法就是将太阳光聚焦于太阳能电池之上。因为 $P=IU$，I 与光强成一倍的正比关系，U 则与光强的对数成正比关系，此时太阳能电池输出功率的增加将远远超过光强的增加，从而大大提高了太阳能电池的使用效率。

参 考 文 献

[1] 刘恩科，朱秉升．半导体物理学[M].4版．北京：国防工业出版社，1992.

3 太阳能电池的分类

目前太阳能电池的种类已经有很多种，根据太阳能电池制作材料的不同，可以分为以下几种：硅基太阳能电池、有机聚合物太阳能电池、染料敏化太阳能电池、量子点敏化太阳能电池和无机半导体纳米晶薄膜太阳能电池（碲化镉太阳能电池、砷化镓多结太阳能电池、铜铟镓硒太阳能电池和铜锌锡硫硒太阳能电池）等。

3.1 硅基太阳能电池

晶体硅太阳能电池是目前市场上的主导产品。晶体硅太阳能电池的工作原理是硅半导体材料的光生伏特效应。一般基于 PN 结的结构基础上，在 N 型结上面制作金属栅线，作为正面电极。在整个背面制作金属膜，作为背面欧姆接触电极，形成晶硅太阳能电池。一般在整个表面上再覆盖一层减反射膜或在硅表面制作绒面用来减少太阳光的反射。晶体硅太阳能电池主要有以下几种。

3.1.1 单晶硅太阳能电池

自太阳能电池发明以来，对单晶硅太阳能电池研究的工作时间最长，其中硅太阳能电池中转化效率最高，理论上转换效率可以达到 24% ~26%，从航天到日常生活，已经应用在国民经济的各个领域。在此基础上，人们一直致力于晶体硅电池的研发工作。德国夫朗霍费费莱堡研究所系统研究改进了单晶硅电池的表面制造工艺，采用光刻照相技术将电池表面制成倒金字塔结构，并在表面将 13nm 厚的氧化物钝化层与两层减反射涂层相结合，制得的电池转换效率超过了 23%[1]。澳大利亚新南威尔士大学在高效晶体硅太阳能电池（PERL 电池）中作了倒锥形表面结构，成功研制出了转换效率为 25% 的单晶硅太阳能电池（AM1.5，100mW/cm^2，25℃）。在国内也展开了 PERL 电池的相应研究，北京太阳能研究所研制的平面高效单晶硅电池（2cm×2cm）转换效率达到19.79%，刻槽埋栅电极晶体硅电池（5cm×5cm）的转换效率达到18.6%。目前工业规模生产的单晶硅太阳能电池的光电转换效率为18%左右。虽然单晶硅太阳能电池的光电转换效率很高，但是制作单晶硅太阳能电池成本很高，制作过程中需要消耗大量的高纯硅材料，制备工艺复杂，电耗大，而且太阳能电池组件的平面利用率低。所以，20世纪80年代以来，欧美一些国家把目光投向了多晶硅太阳能电池的研制。图3-1为单晶硅电池的制作工艺流程图。

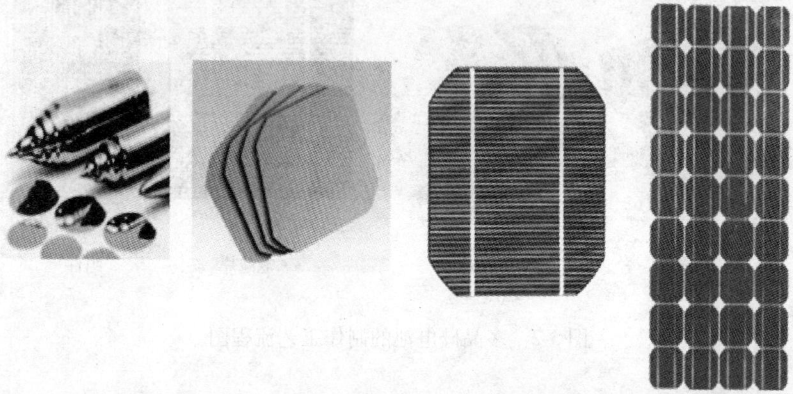

图3-1　单晶硅电池的制作工艺流程图

3.1.2　多晶硅太阳能电池

多晶硅材料是由单晶硅颗粒聚集而成的。多晶硅的主要优势是材料利用率高、能耗低、制备成本低，而且其晶体生长简便，易于大尺寸生长。其缺点是含有晶界、高密度的位错、微缺陷及相对较高的杂质浓度，其晶体质量低于单晶硅，这些缺陷和杂质的引入影响了多晶硅电池的效率，导致其转换效率要低于单晶硅电池的效率。多晶硅太阳能电池的光电转换效率的理论值为20%，实际生产的转化效率为12%～14%。其工艺过程是选择电阻率为100～300Ω·cm的多晶块料或单晶硅头尾料，经破碎、腐蚀、用去离子水冲洗至中性、烘干等工序。然后用石英坩埚装好多晶硅料，加入适量硼硅，放入浇铸炉，在真空状态中加热熔化。最后注入石墨铸模中，待慢慢凝固冷却后，得到多晶硅锭。这样可以将多晶硅铸造成制作太阳能电池片所需要的形状，由于制作多晶硅太阳能电池工艺简单、节约电耗、成本低、可靠性高，因此多晶硅太阳能电池得到了广泛的应用。图 3-2 为多晶硅电池的制作工艺流程图。

图 3-2　多晶硅电池的制作工艺流程图

3.1.3　非晶硅薄膜太阳能电池

早在 20 世纪 70 年代初，Carlson 等人用辉光放电分解甲烷的方法实现了氢化非晶硅薄膜的沉积，正式开始了对非晶硅太阳能电池的研究。近年来，世界上许多家公司在生产相应的非晶硅薄膜太阳能电池产品。目前，制备非晶硅薄膜太阳能电池的方法主要有 PECVD 法、反应溅射法等；按照非晶硅薄膜的工艺过程又可分为单结非晶硅薄膜太阳能电池和叠层非晶硅薄膜太阳能电池。目前单结非晶硅薄膜太阳能电池的最高转化效率为 13.2%。日本中央研究院采用一系列新措施，制得的非晶硅电池的转换效率为 13.2%。国内关于非晶硅薄膜太阳能电池特别是叠层太阳能电池的研究并不多，南开大学的耿新华等采用工业用材料，以铝作为背电极制备出面积为 $20 \times 20cm^2$、转换效率为 8.28% 的 α-Si/α-Si 叠层太阳能电池。由于非晶硅太阳能电池具有成本低、质量轻等优点，目前已经在计算机、钟表等行业广泛应用，具有一定的发展潜力。图 3-3 为非晶硅薄膜太阳能电池的制备流程。

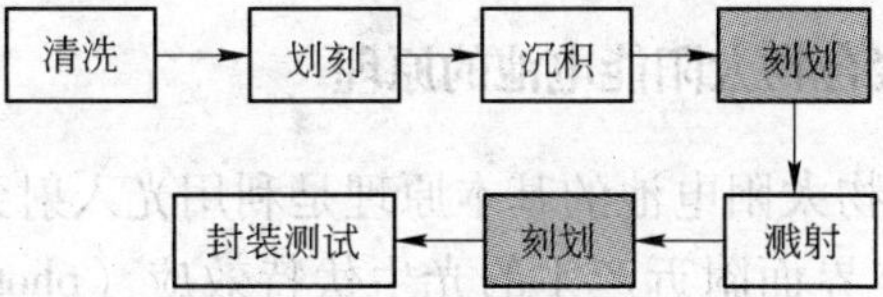

图 3-3 非晶硅薄膜太阳能电池的制备流程

3.1.4 多晶硅薄膜太阳能电池

从 20 世纪 70 年代人们就已经开始在廉价衬底上沉积多晶硅薄膜，通过对生长条件的不断摸索，现已经能够制备出性能较好的多晶硅薄膜太阳能电池。目前制备多晶硅薄膜太阳能电池大多数采用低压化学气相沉积法（LPCVD）、溅射沉积法、液相外延法（LPPE）。化学气相沉积主要是以 SiH_4、SiH_2Cl_2、$SiHCl_3$ 或 $SiCl_4$ 为反应气体，在一定的保护气氛下反应生成硅原子并沉积在加热的衬底上，衬底材料一般选用 Si、SiO_2、Si_3N_4 等。研究发现，首先在衬底上沉积一层非晶硅层，经过退火使晶粒长大，然后在这层较大的晶粒上沉积一层较厚的多晶硅薄膜。该工艺中所采用的区熔再结晶技术是制备多晶硅薄膜中最重要的技术。多晶硅薄膜太阳能电池的制作技术和单晶硅太阳能电池相似，前者通过再结晶技术制得的太阳能电池的转换效率明显提高。德国费莱堡太阳能研究所采用区熔再结晶技术在 FZSi 衬底上制得的多晶硅薄膜太阳能电池的转换效率为 19%，日本三菱公司用该方法制备了转换效率为 16.42% 的电池[2]，美国 Astropower 公司采用 LPE 法制备的多晶硅薄膜太阳能电池，其转换效率达到 12.2%。北京市太阳能研究所采用快速热化学气相沉积法（RTCVD）在重掺杂的单晶硅衬底上制备了多晶硅薄膜太阳能电池，效率达到 13.61%。鉴于多晶硅薄膜太阳能电池可以沉积在廉价衬底上，且无效率衰减问题，因此与非晶硅薄膜太阳能电池相比，具有转换效率高、成本低廉等优点，所以具有很大的市场发展潜力。

3.2 有机聚合物太阳能电池

3.2.1 有机/聚合物太阳能电池的原理

有机/聚合物太阳电池的基本原理是利用光入射到半导体的异质结或金属半导体界面附近产生的光生伏特效应（photovoltaic）。光生伏特效应是光激发产生的电子空穴对，激子被各种因素引起的静电势能分离而产生电动势的现象。当光子入射到光敏材料时，光敏材料被激发产生电子和空穴对，在太阳能电池内建电场的作用下分离和传输，然后被各自的电极收集。在电荷传输的过程中，电子向阴极移动，空穴向阳极移动，如果将器件的外部用导线连接起来，这样在器件的内部和外部就形成了电流。对于使用不同材料制备的太阳能电池，其电流产生过程是不同的。对于无机太阳能电池，对光电流产生的过程研究得比较成熟，而有机半导体体系的光电流产生过程尚有很多值得商榷的地方，也是目前研究的热点内容之一。在光电流的产生原理方面，很多是借鉴了无机太阳能电池的理论（比如说其能带理论），但是也有很多其独特的方面，一般认为有机/聚合物太阳电池的光电转换过程包括：光的吸收与激子的形成、激子的扩散和电荷分离、电荷的传输和收集。对应的过程和损失机制如图 3-4 所示。几种典型的聚合物电池结构如图 3-5 所示。

3.2.2 发展历程

1977 年，Heeger 小组通过将绝缘体聚乙炔用掺杂的方法将 AsF_5、I_2 加入到聚合物中，研究发现掺杂后的聚乙炔的电导率从 10^{-6}S/cm 增加到 10^{-2} ~ 10^3S/cm，同时绝缘体出现了导体和半导体的光电性质，从而打破了传统意义上的绝缘体不可以导电的理论，开创了聚合物导电的新时代。1980 年，Weinberger 小组用聚乙炔制造出了第一块有机太阳电池，但是当时的转换效率极低，只有 10^{-3}%。随后，Glenis 等人通过各种聚噻吩衍生物制备了太阳能电池，但是极低的光电

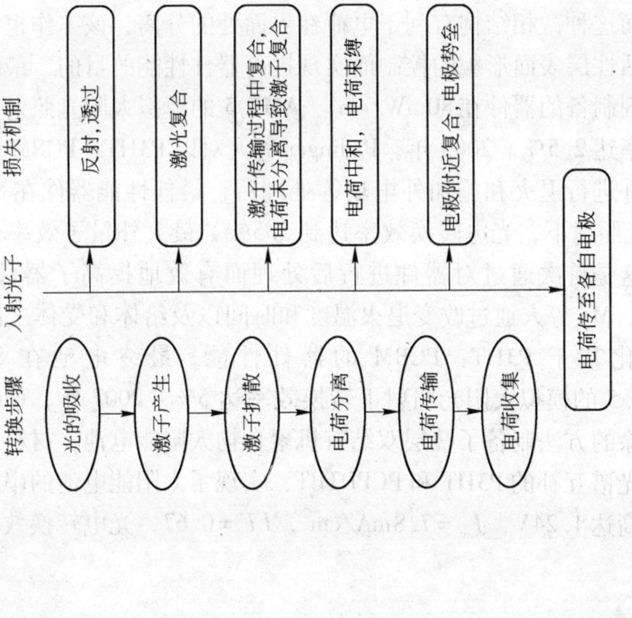

图 3-4 有机/聚合物太阳电池的光电转换过程

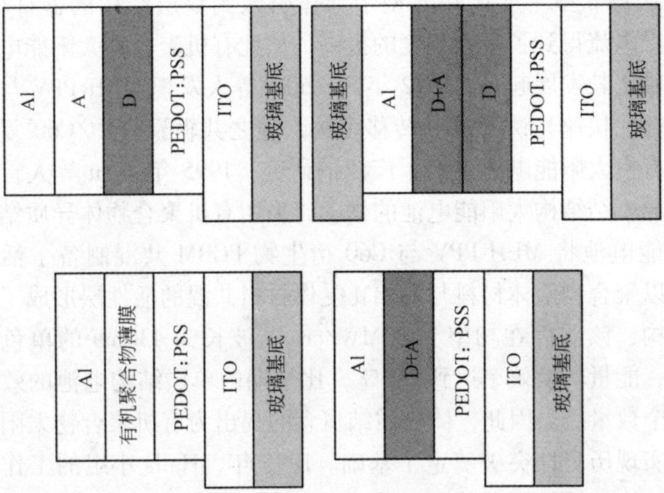

图 3-5 几种典型的聚合物电池结构

转换效率是阻碍当时有机太阳能电池发展的主要问题。在1986年，Tang等首次将p型半导体和n型半导体引入到双层结构的器件中，才使得使光电流得到了极大程度的提高，从此有机聚合物太阳能电池的研究开始蓬勃发展起来。1992年Sariciftci等人发现MEH-PPV与复合体系中存在快速光诱导电子转移现象，随之共轭聚合物/C60复合体系便在有机太阳能电池得到了广泛的研究。1995年，Yu等人首次提出了体异质结结构太阳能电池的概念，采用有机聚合物体异质结结构的太阳能电池将MEH-PPV与C60衍生物PCBM共混制备了活性层，并且以聚合物给体材料与PCBM受体材料共混的活性层形成了互穿网络结构，该器件在功率为20MW/cm^2、波长为430nm的单色光的照射下，能量转换效率达到2.9%，比早期的单层结构电池的效率提高了2个数量级。因此，体异质结概念的提出为有机聚合物太阳能电池领域实现历史性突破奠定了基础。1995年，Halls小组的工作中体异质结结构的活性层是将两种聚合物MEH-PPV和CN-PPV分别作为给体和受体混合制备的，器件在波长为550nm的单色光照射下能量转换效率约为0.5%。2001年，Shaheen小组分别选择氯苯和甲苯作为制备活性层的溶剂（MDMO-PPV：PCBM），发现由氯苯所制备的体异质结受体共混膜的表面形貌相对于甲苯溶剂来说具有更小的相分离，而这种微相结构有利于电荷在界面处的分离，该工作也是首次通过对活性层表面形貌的控制而实现提高器件性能的目的，最终以氯苯为溶剂制备的器件在80mW/cm^2、AM1.5的模拟太阳光照射下能量转换效率达2.5%。2003年，Padinger等人对以P3HT：PCBM制备的电池器件进行退火和施加外电场等处理后，最佳性能器件在80mW/cm^{2}白光照射下，光电转换效率达到3.5%，最大外量子效率也高达70%。这是首次通过对器件进行后处理而有效地提高了器件性能。2005年，Ma等人通过改变退火温度和时间以及给体和受体之间的比例，优化基于P3HT：PCBM的器件性能，最终电池在80mW/cm^{2}AM1.5的模拟太阳光照射下转换效率达5%。2007年，Kim等人通过旋涂的方法制备了叠层双结有机聚合物太阳能电池，材料采用的是吸收光谱互补的P3HT和PCPDTBT，实现了太阳能电池的串联，开路电压高达1.24V，J_{sc}=7.8mA/cm^2，FF=0.67，光电转换效率也达到当年的最高值6.5%。2009年，Yu等人基于高共平面性聚合物PTB制备了体异质结太阳能电池，并通过对聚合物进行修饰获得了太阳能电池。在100mW/cm^2 AM1.5模拟太阳光照射下，J_{sc} = 15.2mA/cm^2，U_{oc} = 0.76V，FF = 0.67，能量转换效率达7.4%，这也是目前有机聚合物太阳能电池所能达到的最高光电转换效率[3]。2010年，Konarka Technology公司研制出了一款效率高达8.3%的单结有机光伏电池，且已获得美国国家可再生能源实验室（NERL）的认证。

此外，在聚合物太阳能电池的稳定性方面，研究人员也取得了一定的进展。聚合物太阳能电池的寿命已经从开始的若干小时、若干天，到现在的一年或者更久。虽然如此，与无机光伏电池长达25年的寿命相比，聚合物太阳能电池的使用寿命目前相对还比较短。导致聚合物太阳能电池性能降低的因素很多，如水和氧对光敏层组分的氧化作用、共轭聚合物和铝电极之间的光致还原反应、光辐照所引起的聚合物降解等。所以从根本上来说，把具有共轭主链的聚合物暴露在强的紫外-可见光、持续高温、电流、高反应性的电极、氧、潮湿的环境中发生化学变化是不可避免的。研究人员应详细了解其变化的过程，采取适当的措施来减缓这一过程的发生，从而有效地延长电池的使用寿命，同时柔性基底的聚合物太阳能电池也有较大的发展。全溶液自动生产线生产柔性聚合物太阳能电池也已经面世。除此之外，聚合物太阳能电池的吸收光谱也有了显著的进步，其可吸收的最大波长延展到900nm。

3.3 染料敏化太阳能电池（DSC）

DSC电池的制作工艺流程如图3-6所示，结构如图3-7所示[4]，主要包括三部分：吸附了染料的多孔光阳极、电解质和对电极。染料吸收光子后发生电子跃迁，光生电子快速注入半导体的导带并经过集流体进入外电路而流向对电极。失去电子的染料分子成为正离子，被还原态的电解质还原再生。还原态的电解质本身被氧化，扩散到对电极，与外电路流入的电子复合，这样就完成了一个循环。在DSC电池中，光能被直接转换成了电能，而电池内部并没有发生化学变化。DSC电池的工作原理类似于自然界的光合作用，而与传统硅电池的

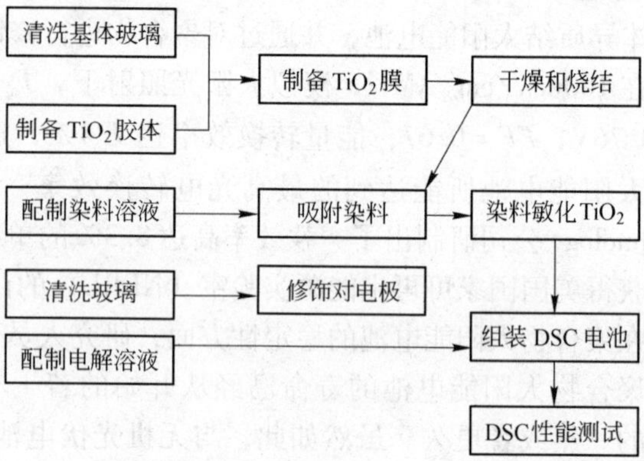

图 3-6 DSC 电池的制作工艺流程图

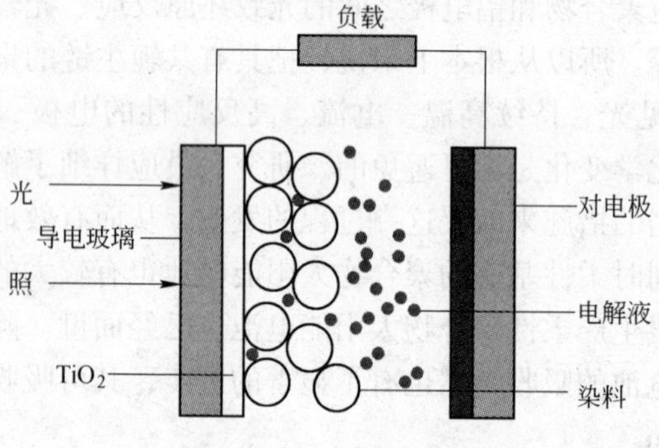

图 3-7 DSC 电池的结构

工作原理不同。它对光的吸收主要通过染料来实现，而电荷的分离传输则是通过动力学反应速率来控制的。电荷在半导体中的运输由多数载流子完成，所以这种电池对材料纯度和制备工艺的要求并不十分苛刻，从而使得制作成本大幅下降。此外，由于染料的高吸光系数，只需几到十几个微米厚的半导体薄膜就可以满足对光的吸收，使 DSC 电池成为真正的薄膜电池。DSC 电池是光阳极、染料、电解质和对电极的有机结合体，缺一不可。

事实上，DSC 的研究历史最早可以追溯到 20 世纪 60 年代。

Gerischer 等人发现在一定条件下染料分子吸附在半导体上可产生电流，这一现象成为光电化学电池的重要基础。20 世纪 70 ~ 90 年代，Gerischer 等人研究了各种染料敏化剂与半导体纳米晶间的光敏化作用。然而，由于这段时期的研究主要集中在只能吸附单层染料分子的平板电极上，其光电转换效率还不到 1%，所以没有引起科学家的关注。1991 年，瑞士洛桑联邦高等理工学院的 Gratzel 教授用 TiO_2 纳米晶电极代替平板电极，与三聚钌配合物（trimetric ruthenium complex）染料结合，以较低的成本得到了能量转换效率为 7.9% 的太阳能电池。这项开创性的工作发表在《Nature》上，开辟了太阳能电池发展史上一个崭新的时代，为太阳能的利用提供了一条新途径[5]。由于染料敏化电池的制造成本较低（是硅电池成本的 1/10 ~ 1/5），较高的转化效率和对环境无污染性，DSC 电池得到了飞速的发展。由于制作技术的灵活性，DSC 的研究应用领域非常广泛。1993 ~ 1997 年之间，DSC 的光电转换效率超过了 10%，短路电流达到 $18mA/cm^2$，开路电压达到 720mV。2001 年，世界上第一个 DSC 工厂由澳大利亚 STA 公司建立。一年之后，该公司建立了独一无二的面积为 $200m^2$ 的 DSC 屋顶，显示了染料敏化太阳能电池未来工业化的前景。在 2009 年，中国台湾的研究小组得到了转换效率高达 11.5% 的 DSC。到目前为止，Gratzel 小组研发的 DSC 电池最高效率为 12.3%。2012 年，英国威尔士的 G24 创新公司（G24 innovations）宣布，最新研发的特制染料敏化太阳能电池在白炽灯光照射下的能量转换效率达到 26%，这使得染料敏化电池成为目前最有效的室内光能收集技术。

3.4 量子点敏化太阳能电池

与染料敏化太阳能电池相比，量子点敏化太阳能电池的优势主要体现在量子点的特殊性质上。量子点具有以下几种性质。

3.4.1 量子表面效应

量子表面效应是指量子点的比表面积随着粒径减小而增大的效应。由于量子点的比表面积很大，表面原子数增多，表面原子配位不足，从而导致产生大量的不饱和键和悬挂键。这些不饱和键和悬挂键使表面原子表面能变大，活性很高，极不稳定。表面效应不仅影响表面原子输运和结构的变化，也会影响其电子和光学性质。比如，量子点的表面效应使量子点具有高的吸光系数。

3.4.2 量子限域效应

当量子点的尺寸大于激子玻尔半径时，不能形成激子，其电子能级呈现为无数间隔极小的能级组成的连续带状能级。当量子点的尺寸小于激子玻尔半径时，由于电子被限制在狭小的空间内，其平均自由程变得很短，易形成激子并产生激子吸收带。量子点的粒径越小，形成的激子越多，激子的吸收越强，此即为量子限域效应。

3.4.3 量子尺寸效应

通过控制量子点的尺寸，可以方便地调节其能隙宽度和光吸收谱等电子状态的效应。当量子点尺寸小于激子玻尔半径或 DeBroglie 波长时，电子能级由连续态分裂为离散态，即形成分立的能级。随着量子点尺寸的减小，能级间的间距会增大，量子点的光吸收谱出现蓝移现象。反之，能级间的间距会减小，光吸收谱将会出现红移。

3.4.4 多激子激发效应

太阳光谱中可见光区的光子能量范围为 0.5 ~ 3.5eV，光子能量低于半导体带隙的则不被吸收，高于半导体带隙的将产生高能量的电子和空穴，被称为“热电子和热空穴”。由于电子-声子散射和声子逸出会消耗能量，这些电子和空穴将会在带端冷却，这是限制单结硅基光伏电池的最高理论效率为 31% 的主要因素。如果电子与空穴复合时，把能量通过碰撞转移给另一个电子或另一个空穴，造成该电子或空穴的跃迁，这个过程叫做俄歇复合。其相反的过程为碰撞离子化，即高热电子空穴对由高能态回到低能态时，释放出来的能量可将另一对或多对电子空穴激发的过程。利用碰撞离子化效应，一个光子可以产生两个或多个电子-空穴对，因此也称为多激子激发效应。只有当碰撞离子化的速率大于热电子空穴的冷却速度和其他弛豫过程时，多激子激发效应才能产生。这在块材半导体中是做不到的，因为块材中电子空穴的冷却速度很快。研究表明，载流子的冷却速度会受到量子效应的影响。当半导体的量子点尺寸小于或相当于 DeBroglie 波长时，载流子被限制在狭小的空间内，其弛豫动力学将急剧改变，冷却速率也将会变慢。如此，碰撞离子化速率才能跟冷却速率竞争。事实上，量子点的多激子激发效应已经被证实。Nozik 等人认为，一个带隙无限堆积以完美匹配太阳光谱的量子点敏化太阳能电池，其最高理论电池效率可达到 66%，这就是量子点敏化太阳能电池的巨大潜力和吸引力。

近几年，多种体系的 QDSC 研究工作纷纷展开，但其能量转换效率不高。目前 QDSC 的研究主要集中在以下几个方面：

（1）构筑合理的 QDSC 捕光结构能使太阳光得到最大限度的捕获。在一个有效的 QDSC 捕光结构中，太阳光被吸收以后载流子能快速地得到分离并产生光生电子；电子也能快速、畅通无阻地到达基底产生外部电流。

（2）将能带匹配的量子点或各种尺寸的量子点进行组合，对半导体进行复合敏化。

（3）开发新型的量子点材料，由于各种量子点在电解液中的光化学稳定性不同，其电子的传输速度也会受影响。为了提高太阳光的利用率和加快半导体/敏化剂的界面电荷分离，研究者们开发了一些新型的量子点材料。

（4）采用合适的量子点负载方法，以加快载流子在量子点/纳米半导体界面的传输速度。

3.5 无机半导体纳米晶薄膜太阳能电池

能够作为无机半导体纳米晶薄膜电池的材料有很多，常见的二元合金有 Cu_2S、Cu_2O、Cu-C、CdTe、CdSe、GaP、GaAs、InP 和 ZnP 等，常见的三元合金有 Cu-In-S、Cu-In-Se、Cu-Zn-S、Cd-Zn-Se、Cd-Mn-Te、Bi-Sb-S、Cu-Bi-S、Cu-Al-Te、Cu-Ga-Se、Ag-In-S、Pb-Ca-S、Ag-Ga-S、Ga-In-P 和 Ga-In-Sb，目前多元合金 Cu-In-S-Se、Cu-In-Ga-S-Se 和 Cu-Zn-Sn-S 太阳能电池的研究也比较广泛。在这么多的材料中，我们主要选择几种典型的材料进行介绍。

3.5.1 碲化镉太阳能电池

碲化镉是制造薄膜太阳能电池的一种非常重要的材料。碲化镉薄膜电池的设计简单，制作成本低，并且理论最高效率比硅电池的高。允许的最高理论转换效率在大气质量 AM1.5 条件下高达 27%[6]。此外，CdTe 电池在高温条件下的使用效果比硅电池更好，因此是应用前景较好的一种新型太阳能电池，已成为美、德、日、意等国研发的主要对象。

早在 20 世纪 50 年代中期，Jenny 等人就对碲化镉单晶体的电子能带特性进行了阐述；而后在 1959 年，Nobel 确定了 Cd_2Te 相平衡、缺陷和 CdTe 半导体性质之间的关系，这一关系后来又被其他的研究组进一步的完善。基于 N 型 CdTe 单晶和多晶膜的太阳能电池在 20 世纪 60 年代早期被制备出来，它们是用 CdTe 膜表面和铜酸盐溶液反应来形成 $CdTe/Cu_2Te$ 异质结。随后，在 20 世纪 60 ~ 70 年代，人们制成了基于 P 型 CdTe 单晶和蒸镀而成的 N 型 CdS 膜的光伏电池，用单晶 CdTe 制成的电池效率约为 10%，而制成的全多晶薄膜 CdTe/CdS 电池的效率则更高。在这段时期，Bonnet 在 1972 年也提出了 CdTe/CdS 电池需要解决的一些基本问题，如掺杂效率、突变结和缓变结、活性或非活性晶界以及低阻电极等。到 20 世纪 80 年代早期，人们已经用各种制备方法制成了转化效率接近或超过 10% 的上层配置型 CdTe/CdS 电池。截止到 2004 年，上层配置型 CdTe 电池的转化效率最高为 16.5%。玻璃是最常用的衬底材料，不过最近人们在努力研究发展基于聚酰亚胺（polyimide）和金属箔片的轻便型电池。基于玻璃衬底的 CdTe 电池的效率一般在 10% ~16%，转换率依赖于制备方法的多样性。而在金属和聚酰亚胺衬底上的 CdTe 轻便型电池的效率分别已经达到 7.8% 和 11%。这种轻便型太阳能电池具有高的特定功率（specific power，单位是 W/kg），因而具有很多潜在的应用价值。目前，已获得相关太阳能电池的最高效率为 16.5%（$1cm^2$），电池模块效率达到 11%（$0.94m^2$）。

碲化镉电池尽管在成本上有一定的优势，但是同时也存在很多缺点。第一，在制备电池和使用过程中如果不幸发生火灾，有可能将电池中包含的毒性较大的 Cd 元素释放出来，将会造成环境危害。第二，Te 的价格较高，使 CdTe 的制造成本一直居高不下。

许多公司正在深入研究 CdTe 薄膜太阳能电池，优化薄膜制备工艺，提高组件的稳定性，防范 Cd 对环境和操作者健康的危害，以实现大规模生产，其中，美国 First Solar 公司是当仁不让的领跑者，另外还有德国 Antec solar、美国 Solar Fields 和 AVA Tech 等公司。

3.5.2 砷化镓太阳能电池

作为Ⅲ-Ⅴ族化合物半导体材料的杰出代表，GaAs 具有许多优良的性质，对 GaAs 太阳能电池的广泛研究使得其转换效率提高得很快，现已超过了其他各种材料制备的太阳能电池的效率。GaAs 是一种典型的Ⅲ-Ⅴ族化合物半导体材料。它的晶格结构与硅相似，属于闪锌矿晶体结构；但是与硅材料不同的是，GaAs 属于直接带隙材料，而硅材料是间接带隙材料。GaAs 的带隙宽度为 E_g = 1.42eV（300K），正好位于最佳太阳能电池材料所需要的能隙范围，所以具有很高的光电转换效率，是非常理想的太阳能电池材料，其主要特点为：

（1）GaAs 属于直接带隙材料，所以它的光吸收系数比较大。因此它的有源区只需要 3～5μm 厚就可以吸收 95% 的太阳光谱中最强的部分，而对于有些材料则需要上百微米的厚度才能充分吸收阳光。

（2）GaAs 太阳能电池的温度系数比较小，能在较高的温度下正常工作。众所周知，温度升高会引起开路电压下降，短路电流也略有增加，从而导致电池效率下降。但是 GaAs 的带隙比较宽，要在较高的温度下才会产生明显的本征激发，因而它的开路电压减小较慢，效率降低较慢。

（3）GaAs 属于直接带隙材料，它的有效区很薄，因此成为空间能源装置的重要组成部分之一。随着技术的发展，聚光太阳能电池已获得较高的转换效率，在地面上的应用已有可能成为现实。

和硅基太阳能电池相比，GaAs 太阳能电池具有更高的光电转换效率，单结 GaAs 太阳能电池的理论效率最高为 27%，而多结 GaAs 太阳能电池的最高效率可以达到 63%，都高于 Si 太阳能电池的最高理论效率23%。而且GaAs材料太阳能电池的优势明显，在可见光范围内，GaAs材料的光吸收系数远高于Si材料。同样吸收95%的太阳光，GaAs太阳能电池只需5～10μm的厚度，而Si太阳能电池的厚度则需大于150μm。因此，GaAs太阳能电池能制成薄膜结构，质量大幅度减小。此外，GaAs具有良好的抗辐射性能，更好的耐高温性能，GaAs还可制备成效率更高的多结叠层太阳能电池。

GaAs太阳电池的发展是从20世纪50年代开始的，至今已有50多年的历史[7]。1954年世界上首次发现GaAs材料具有光伏效应。到目前为止GaAs电池已经从原来的GaAs基单结太阳能电池发展到GaAs基多结太阳能电池，现在也在探索研究GaAs基量子点电池。

砷化镓基多结太阳能电池是迄今为止最高效的太阳能电池。2011年4月，三重异质结的太阳能电池的转换效率达到创纪录的43.5%。该技术已成功应用在火星探测任务中，在90天的使用过程中运行良好。叠层太阳能电池是基于单片集成电路将磷化铟镓（GaInP）、砷化镓（GaAs）和锗（Ge）PN结连接起来的。由于该电池的产业化应用，导致原料的价格持续上升。2006年12月至2007年12月，4N金属镓的成本从每公斤350美元左右上升到每公斤680美元。此外，锗金属的价格也大幅上升，目前每公斤约为1000～1200美元。荷兰Radboud大学Nijmegen在2008年8月用4μm厚的砷化镓单结薄膜太阳能电池获得了创纪录的25.8%的效率，可以从晶圆基地转移到玻璃或塑料薄膜上。这种技术最大的创新是可以应用在玻璃或者塑料薄膜基底上。

3.5.3 铜铟硫硒(CIS)太阳能电池

CIS系太阳能电池是目前光伏界公认的将来有望获得大规模应用的化合物薄膜电池。30多年来众多的光伏研究者投身其中，在吸收层薄膜制备方法和技术、电池组件的工业化技术路线等方面都取得了巨大的成果。铜铟镓硫硒薄膜电池（简称CIGS）材料的吸收系数很高，不存在光致衰退问题，非常适合制备光电转换器件。转换效率和多晶硅一样，商品电池组件的效率一般在12%，同时具有价格低廉、稳定性好、可以大规模产业化生产等优点。随着工艺技术的进步，在不久的将来，CIS 系太阳能电池会成为今后太阳能电池发展的重要方向之一。由于设备厂商的技术进展，2010 年 CIS/CIGS 电池的转换效率已经可以稳定地高于 10%，因此许多薄膜太阳能模组厂商开始进行 CIS 薄膜太阳模组的投资。根据 PVinsights 的薄膜太阳能成本分析，CIS 的成本有望降低到每瓦 1.0 美金的水平，并随着转换效率的提升而进一步降低到每瓦 0.8 美金以下，这样的成本改善将使得 CIS 的薄膜太阳能模组具有比较好的成本竞争力。

各种不同的太阳能电池因为制备方法不同，性能差异很大。但是对于能源需求来说，有三个重要的因素来评价和考量不同电池体系的优劣：光电转换效率、制备成本和环境保护因素。综合起来，薄膜太阳能电池和传统电池相比，有着自己独特的优势。不断深入地研究各种薄膜电池的机理，提高薄膜电池的效率和改善制备工艺是各个相关课题组和厂商的研究和开发的着力点。

3.5.3.1 CIS 太阳能电池的发展历史

A CIS 太阳能电池的历史与现状

CIS 是一种Ⅰ-Ⅲ-Ⅵ族化合物半导体，具有黄铜矿、闪锌矿两种晶体结构。CIS 中的 S 代表着Ⅵ族的 Se 和 S 两种元素，是 $CuInSe_2$ 和 $CuInS_2$ 的总体简称。另外，还有将镓掺入 $CuInSe_2$ 中形成的 $Cu(In_{1-x}Ga_x)Se_2$ 和将硫掺入 $CuInSe_2$ 中形成的 $CuIn(Se_{1-x}S_x)_2$，以及由 Cu、In、Ga、Se、S 五种元素组成的 $Cu(In_{1-x}Ga_x)(Se_{1-y}S_y)_2$，都可以用 CIS 来作为其总体的简称。在室温下 $CuInSe_2$ 的晶体结构为黄铜矿结构，其晶体结构图如图 3-8 所示。从图中可知，黄铜矿的结构与 ZnS 的闪锌矿类似，只是 Cu 和 In 原子规则性地填入到原来第二族原子的位置。这种结构可以看做由两个面心立方晶格套构而成：一个为阴离子 S 组成的面心立方晶格，另一个为阳离子（Cu、In）对称分布的面心立方晶格，即阳离子次晶格上被 Cu 和 In 原子占据的几率各为 50%，这种晶包的 c/a 值一般约为 2。高温下这种结构的化合物原子容易移位，尤其是 Cu 和 In 原子，当超过一定温度后就不再规则地排列，因而晶体呈现立方体结构，其晶体结构图如图 3-8 所示。$CuInS_2$ 具有较大的化学组成区间，即使严重偏离定比组成，依然具有黄铜矿结构以及相同的物理和化学特性。这些化合物一旦偏离定比组成，就会产生点缺陷，一三六族化合物的本征点缺陷如空位、间隙和错位种类达 12 种之多。这些点缺陷会在禁带中产生新能级，因此适当调节 $CuInS_2$ 的化学组成可以得到 P 型（富铜）或 N 型（富铟）半导体，由于不必引入外加杂质，所以其导电特性、抗干扰性能、抗辐射性能都很稳定，制成的光伏晶体使用寿命也比较长，一般可长达 30 年。

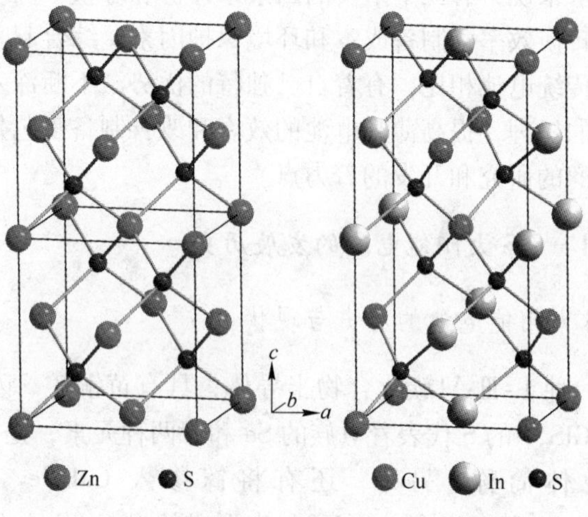

图 3-8 黄铜矿 $CuInS_2$ 的晶体结构图

在 1953 年 Hahn 首次合成出 $CuInSe_2$。在 20 世纪 70 年代，Bell 实验室的 Shaly 详细研究了包括 $CuInSe_2$ 和 $CuInS_2$ 在内的三元黄铜矿半导体材料，探索了它们的生长机理以及在电学方面的性质和应用。1974 年，同样是 Bell 实验室的 S. Wanger 等人研制出世界上第一块单晶 $CuInSe_2$ 太阳能电池和世界上第一块单晶 $CuInS_2$ 太阳能电池，开创了 CIS 太阳能电池发展的新篇章。1976 年，Kazmerski 等人制造出了世界上第一块多晶 $CuInSe_2$ 薄膜太阳能电池。1977 年，Kazmerski 等人又采用双源沉积法成功制备了效率为 3. 33% 的 $CuInS_2$ 薄膜太阳能电池。1981 年，波音公司用双元共蒸法制出了效率为 9.4% 的 $CuInSe_2$ 薄膜太阳能电池。随后，ARCO 公司采用磁控溅射合金层，再进行硒化的方法制成了效率超过 10% 的 $CuInSe_2$ 薄膜太阳能电池。1994 年，Walter 等人用共蒸法制出了效率超过 12% 的 $CuInS_2$ 薄膜太阳电池，其电池结构为 Mo/P-$CuInS_2$/N-CdS/ZnO。同年，瑞典皇家工学院研制出了面积为 0.4cm^2 的高转换效率 $CuInSe_2$ 薄膜太阳能电池。1999 年，NREL 用 Ga 原子取代 $CuInSe_2$ 中的部分 In 原子，成功研制出转换效率为 18.8% 的 CIGS 太阳能电池。2008 年，18.8% 的记录再次被 NREL 刷新，达到 19.9%。2010 年，Mitzi 等人采用肼作为溶剂，在非真空条件下使 CIGS 薄膜太阳能电池的转换效率达到了 13.6%，接近在真空条件下的转换效率[8]。2012 年，Guo 等人采用 CIGS 纳米晶溶液作为前驱物，制备的太阳能电池的效率达到了 12%[9]。

在规模化生产方面，$CuInS_2$ 和 CIGS 都有相应的发展。SULFURCELL 公司在德国有一条组件面积为 120cm × 60cm 的 1MW $CuInS_2$ 薄膜太阳能电池生产示范线，生产出转换效率为 9.3% 的组件。CIGS 薄膜太阳能电池的规模化生产更具潜力，在 2008 年，日本产综研究所生产出了效率为 15.9% 的 CIGS 量产型太阳能电池模块。

我国的 CIS 太阳能电池产业起步较晚，但在国家政策的支持下，最近几年取得了突飞猛进的发展。其中南开大学在国家 863 重点项目的支持下，研发出转换效率为 14.2% 的 CIGS 太阳能电池器件，并在 2007 年开始进行 5MW 太阳能电池生产线的生产技术开发。目前，南开大学已经成立天津泰阳光电科技公司，建设一条具有 8% 转换效率的 CIGS 太阳能电池生产线，填补了国内的空白。在技术引进方面，北京安泰科技股份有限公司引进德国 Odersun 公司的技术，建设了一条转换效率为 9.2% 的 $CuInS_2$ 薄膜太阳电池生产线；山东孚日公司引进德国 Aleo 和 Johanna 公司的技术，投资 60 亿元建设了一条 240MW 的 CIGS 太阳能电池生产线；山东威海蓝星公司引进美国 Terra solar 公司的 2 条 2.5MW、转化效率大于 8% 的 CIGS 太阳能电池生产线；另外还有广州华茂能源、广西地凯股份等企业也相继投入巨资引进 CIGS 太阳能电池生产线。

B CIS 太阳能电池的优点

（1）高吸收系数。CIS 是直接带隙半导体材料，光吸收系数高达 $10^5 cm^{-1}$，是目前已知太阳能电池吸收层材料中吸收系数最大的。

（2）性能稳定。CIS 制成的太阳能电池没有光致衰减效应（SWE），抗辐射能力强。西门子太阳能电池美国公司曾经对一块 CIGS 电池组件进行室外测试，结果发现这块电池在使用 7 年后仍保持原有性质。另有实验结果表明其使用寿命比单晶硅电池（一般为 40 年）要长很多，可达 100 年。

（3）带隙可调。$CuInSe_2$ 具有 1.04eV 的带隙宽度，小于 1.40eV 的太阳光最佳吸收带隙。我们可以通过掺杂镓形成 $Cu(In_{1-x}Ga_x)Se_2$ 和掺入硫形成 $CuIn(Se_{1-x}S_x)_2$ 的方法，增加吸收层的带隙宽度从而提高 CIS 太阳能电池的光电转换效率。

（4）效率/成本比高。虽然 CIGS19.9% 的实验室最高转化效率小于单晶硅 25% 的实验室最高转化效率，但是 CIGS 量产电池器件 15% 的转化效率已经非常接近多晶硅太阳能电池组件的转化效率。而在生产成本方面，CIGS 的最近成本已经降到了 0.99 美元/W，这个价格仅仅是晶体硅太阳能电池成本的 1/4。

（5）CIS 的 Na 效应。微量的 Na 能提高电池的转换效率和成品率，因此使用钠钙玻璃作为 CIS 的基板，除了成本低、膨胀系数相近以外，还考虑到 Na 掺杂这个因素。

3.5.3.2 CIS 太阳能电池的结构

CIS 太阳能电池属于薄膜太阳能电池的一种，其典型结构为玻璃/Mo/CIS/CdS/i-ZnO/ITO/Al[10]，如图 3-9 所示。

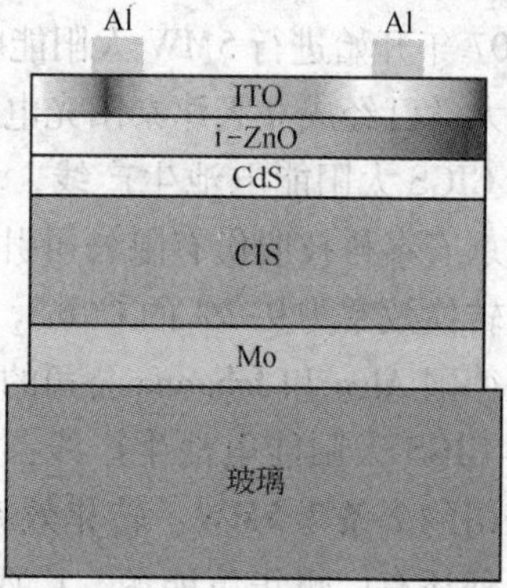

图 3-9 CIS 太阳能电池结构示意图

玻璃：通常采用的是钠钙玻璃。Rockett 等人研究后发现钠钙玻璃中的钠离子会偏聚在 CIS 薄膜的表面，抑制晶界缺陷的产生，减少复合中心，有效地延长载流子的寿命，从而提高电池的效率。另外，近几年对柔性衬底的研究也有所进展，德国的 Odersun 公司就采用铜或不锈钢等金属带为衬底制备 CIS 太阳能电池，这种技术的优点是可以采用卷对卷连续化生产，有效降低了成本，而且电池的组件面积几乎不受约束。

Mo：作为 CIS 太阳能电池的背底电极，W、Ti 等金属均曾经被使用过。经过长时间的探索，人们最终发现 Mo 作为正极材料有着很多优点：首先，Mo 薄膜的方块电阻较小，电学性质优越；另外，CIS 薄膜与 Mo 薄膜的附着力比其他金属都要好，能有效提高成品率；再者，在使用硒化工艺制备 CIS 太阳能电池时，Mo 的表面会和 Se 反应生成一层薄薄的 $MoSe_2$，与 CIS 薄膜形成欧姆接触，可以提高电池的电学性质。

CIS：作为 CIS 太阳能电池的吸收层，它是整个电池工艺的核心。除了 $CuInSe_2$ 和 $CuInS_2$ 以外，还有将镓掺入 $CuInSe_2$ 中形成的 $Cu(In_{1-x}Ga_x)Se_2$ 和将硫掺入 $CuInSe_2$ 中形成的 $CuIn(Se_{1-x}S_x)_2$，以及由 Cu、In、Ga、Se、S 五种元素组成的 $Cu(In_{1-x}Ga_x)(Se_{1-y}S_y)_2$。但是目前实现产业化的只有 $CuInS_2$ 和 $Cu(In_{1-x}Ga_x)Se_2$。制备 CIS 薄膜的方法也有很多，大致分为真空法和非真空法两类，具体相关内容参见下部分内容。

CdS：禁带宽度为 2.42eV，在电池中起到缓冲层的作用。缓冲层也叫过渡层，用来解决 CIS 太阳能电池中 ZnO 窗口层与 CIS 吸收层之间的晶格失配问题，目前世界上转换效率最高的 CIGS 太阳能电池（19.9%）就用到了 CdS 缓冲层。但是 CdS 的毒性较大，对人体有害，并且重金属离子 Cd^{2+} 也会污染环境，所以人们找到了一些可以替代 CdS 的无毒缓冲层材料，如 ZnS、ZnSe、ZnO 等，目前已取得了一些成果。

i-ZnO：作为电池内 PN 结中的 N 型材料，一般使用本征氧化锌。

ITO：ITO 是掺 Sn 的 In_2O_3 的缩写，ITO 膜的优点是高透过率和优良的导电性能，而且容易在酸液中蚀刻出细微的图形，其中透光率最为优异，可达 90% 以上。上述 i-ZnO 和 ITO 两层合称为 CIS 太阳能电池的窗口层。

Al：负电极一般使用 Al，用真空蒸镀的方法将高纯度的 Al 蒸镀到电池表面，电极面积不宜过大，以免阻挡太阳光的射入影响电池的效率。

3.5.3.3 CIS 太阳能电池的制备

A 真空法与非真空法

CIS 太阳能电池有多种制备方法，但大体上可以分为真空法和非真空法两大类。真空法制备的 CIS 太阳能电池性能较好，可以得到效率很高的电池器件，目前世界上效率最高（19.9%）的 CIS 电池就是用真空蒸镀法制备而成的。不过，由于受到设备和操作环境的限制，真空法制备电池的成本居高不下，在电池工业化生产方面受到很大的限制。

与真空法相比，非真空法制备的 CIS 太阳能电池最大的优点是成本低廉，对制造设备的要求简单，制造流程简单，同时材料的利用率也得到了提高，很适合做大规模的工业化生产。但相对的，其电池效率相比于真空法要低。目前世界上很多研究人员都在试图提高非真空法制备电池的效率，也许在不久的将来，大规模高效率低成本的 CIS 太阳能电池的生产将成为现实。

B 制备工艺

真空法的制备工艺有：真空蒸镀法（单源、双源、三源）、磁控溅射后硒/硫化法、分子束外延法、激光溅射沉积法等。

非真空法的制备工艺有：溶剂热法、电化学沉积法、化学气相沉积法、共沉淀法、化学水浴法、喷雾热解法、溶胶凝胶法、液相法等。

C 液相法

鉴于非真空法具备一系列优势，这里主要介绍非真空法。目前最常用的非真空法是液相法。根据溶液前驱物种类的不同，溶液法大体可以分为两大类：一类是溶液作为前驱物（全液相法），另一类是纳米粒子作为前驱物（纳米晶溶液法）。两种方法的主要差异在于在成膜的过程中，用溶液作为前驱物可以直接涂覆成膜，而采用纳米粒子作为前驱物需要首先合成纳米粒子，并且选用合适的交联剂将纳米粒子均匀成膜。

a 全液相法

近年来，低成本高效率的半导体纳米晶光伏装置一直是非常吸引人的研究课题。但是由于较高的制作成本，太阳能电池的应用得到了很大的限制。全液相的太阳能电池由于制作工艺简单，对实验条件要求较低，因此很多科研小组都采用全液相法来制备太阳能电池器件。目前采用全液相法制备太阳能电池器件主要采用肼溶剂法。图 3-10 给出了采用前驱物溶液法制备太阳能电池的基本工艺流程，图 3-11 是通过前驱物溶液法制备的 CIS 薄膜的截面图[11]。目前这种方法制得的太阳能电池的转换效率已经达到了 13.6%[8]，这个数值已经非常接近理想效率。但是肼胺的高毒性和高昂的价格限制了肼溶剂法制备太阳能电池的发展。

为了追求环保、高效的太阳能电池，人们一直在寻找其他的材料来代替肼胺。一些科研小组采用非毒性溶剂，例如乙基纤维素作为交联剂，这种方法所制备的太阳能电池最高的光电转换效率已经达到了

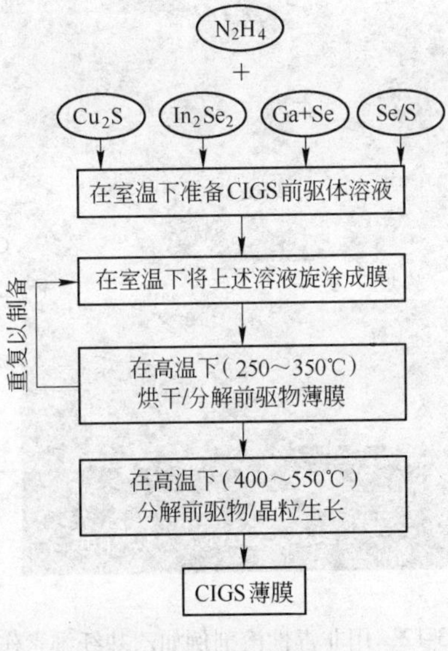

图 3-10 前驱物溶液法制备 CIGS 薄膜基本工艺流程图

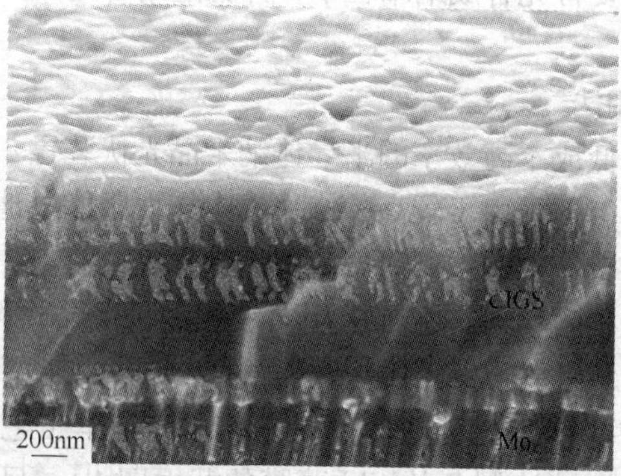

图3-11 前驱物溶液法制备的CIS薄膜的截面图

6.7%，图3-12为所制备的CIS电池截面的扫描电镜图[12]。从图中可以看出，在Mo电极和吸收层CIS之间有一层厚厚的碳层，由于碳层具备的高电阻，所以大大减小了薄膜的转换效率。Alexander等人[13]

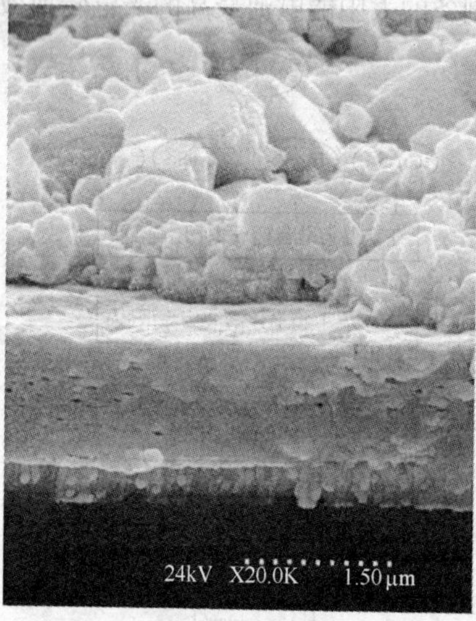

图3-12 用非毒性溶剂例如乙基纤维素作为交联剂制备的CIS电池的扫描电镜截面图

没有使用交联剂，使用酒精作为溶剂，采用金属阳离子羧基螯合物作为前驱物，得到了7.7%的电池效率。虽然电池效率得到了提高，但是从图3-13给出的电池截面图可以看出，在电极Mo和吸收层之间仍然有碳层的存在。由此可见，碳层是阻碍提高太阳能电池转换效率的主要因素。

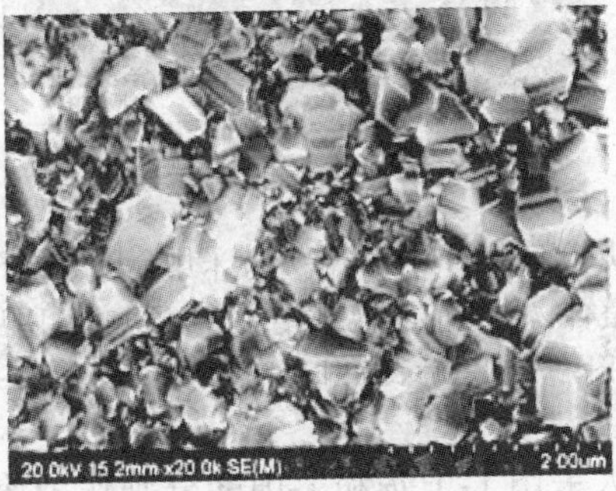

a

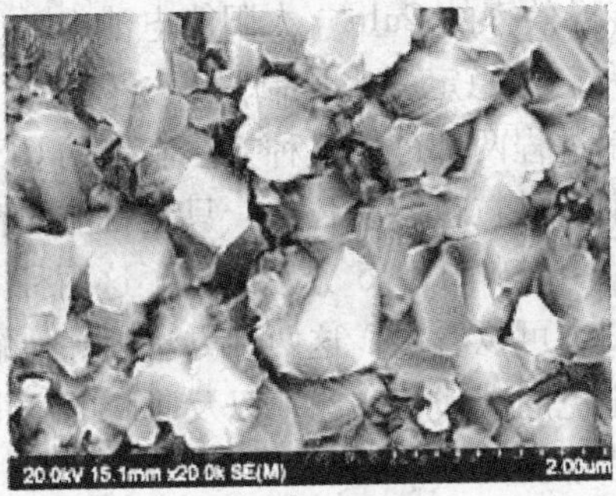

b

c

d

图 3-13 使用酒精作为溶剂，采用金属阳离子羧基螯合物作为前驱物制备的 CIGS 电池的图片

a—处理前表面图；b—处理后表面图；c—处理前截面图；d—处理后截面图

最近，Li 等人采用 1-丁胺和 1-丙酸分别作为溶剂和稳定剂，直接旋涂得到 4% 转换效率的 $CuInS_2$ 太阳能电池[14]。Cui 等人研发了一种新的方法，名为空气稳定墨水压制过程（AIR），它包括分解多晶硫化物和快速压制过程两部分。这种方法制作的 CIS 太阳能电池不仅平滑，而且无污染，晶粒也容易长大，只是目前的转换效率较低，仅为 2. 15%[15]。图 3-14 和图 3-15 分别给出了这两种方法制得的 CIS 电池的截面图。从图中可以看出，这两种方法很好地解决了以往交联剂使用过程中不可避免的碳残留问题，以及肼胺的高毒性问题，但是电池的效率仍然有待于提高。

b 纳米晶溶液法

纳米晶溶液法的关键问题是要找到一种合适的无机胶状纳米晶墨水用于可伸缩的旋涂工艺，再进一步通过旋涂、印刷等方法制备薄膜太阳能电池。值得一提的是，最近几年纳米晶的合成取得了很大的进展。文献报道了各种各样合成 CIS 纳米晶及其相关材料的方法。这些方法为进一步得到高效率的纳米晶太阳能电池提供了前提条件。在众多合成方法中，溶剂热法[16~21]同其他方法相比体现了众多优点，如在溶剂热条件下，制备的晶体结晶性好、纯度高、易于控制产物的晶粒度；另外由于反应物具有很高的活性，该方法可

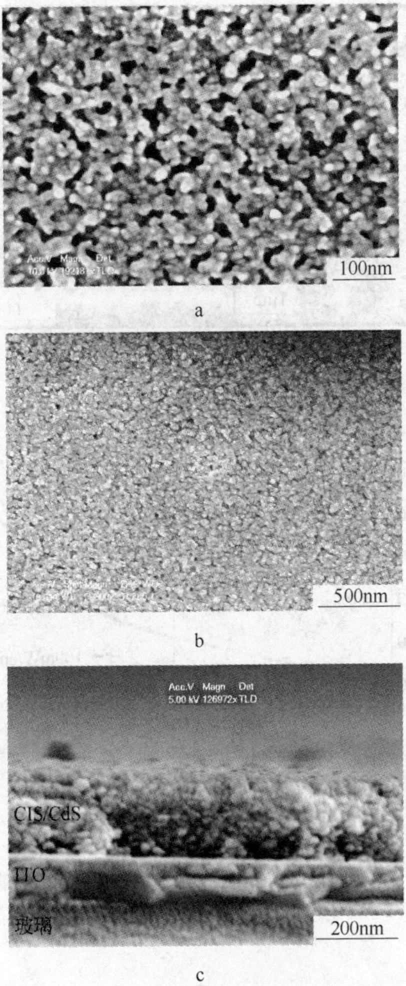

图 3-14 采用 1-丁胺和 1-丙酸分别作为溶剂和稳定剂制得的 CIS 纳米晶薄膜太阳能电池的照片

a—在 250℃处理后的 CIS 薄膜表面形貌；b—CdS 沉积后的 CIS 薄膜表面形貌；c—截面图

用于进行难以发生的合成反应；同时中间态、介稳态以及特殊物相较易生成，可以合成并开发一系列特种介稳结构，有利于新相、新

a

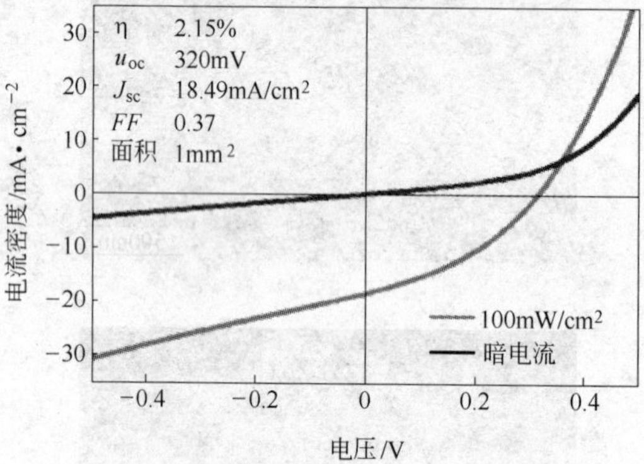

b

图 3-15　采用空气稳定墨水压制过程制备的 CIS 太阳能电池的图片
a—截面图；b—电池特性曲线

结构的合成等。

近年来，采用纳米晶溶液作为前驱物墨水制作 CIS 太阳能电池的工作也取得了很大的进展。纳米晶溶液法制备太阳能电池，首先要合成预定化学计量比和晶体结构的纳米晶，然后将其分散到溶液中，将这些溶液称为墨水或者浆料。基于一系列溶液技术，使用这种可用于印刷的墨水能够得到低廉的光吸收层。目前 Guo 等人[9] 主要采用纳米晶溶液法制备 CIS 薄膜太阳能电池。在 2012 年，Guo 等人通过在刮好的 CIS 薄膜层上涂覆一层 NaCl，使 CIS 晶粒长大，所制备的太阳能电池转换效率达到 12%，接近于液相法最高 13.6% 的效率。图 3-16给出了该方法的制作工艺流程图，而图 3-17 给出了掺杂 Na 前后 CIS 薄膜的截面图[9]。太阳能电池纳米晶墨水法的优点是可以将纳米晶很好地分散到有机试剂中，并进行旋涂成膜。但是其缺点是有机长链会残留到表面或者内部，从而降低器件的效率。此外，对纳米晶合成条件的要求也比较高。

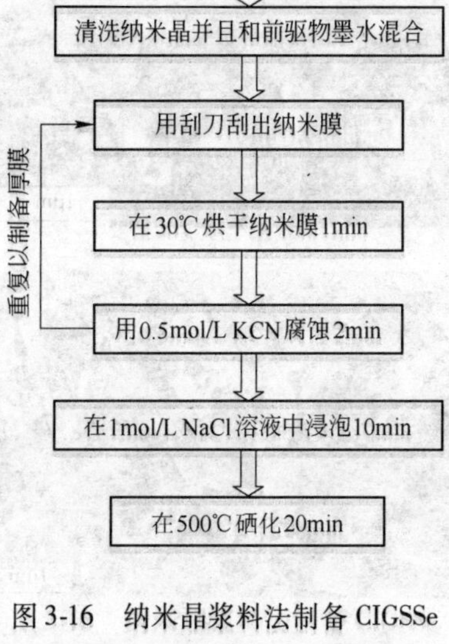

图 3-16 纳米晶浆料法制备 CIGSSe 电池的基本制作工艺流程图

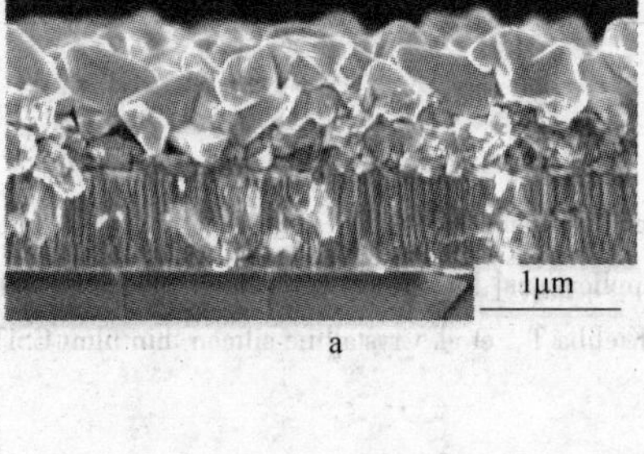

a

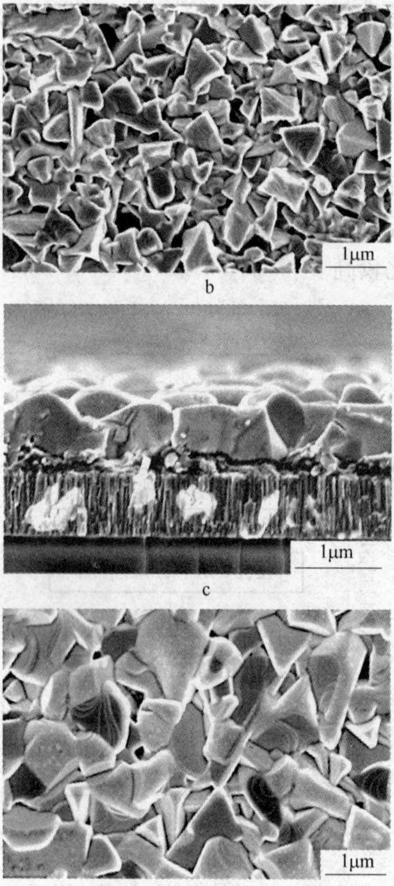

图 3-17 CIGSSe 薄膜扫描电镜图片

a—未经过 NaCl 处理前的截面图；b—未经过 NaCl 处理前的表面图；
c—NaCl 处理后的截面图；d—NaCl 处理后的表面图

参 考 文 献

[1] Chaure N B，Young J，Samantilleke A P，et al. Electro-deposition of p-i-n $CuInSe_2$ multi-laers for photovoltaic applications[J]. Sol. Energy. Mater. Sol. Cells，2004，81(1)：125 ~ 133.

[2] Eyer A，Haas F，Kieliba T，et al. Crystalline silicon thin film(CSiTF) solar cells on SSP and

on ceramic substrates [J]. Journal of Crystal Growth, 2001, 225(2~4): 340~347.

[3] Liang Y Y, Xu Z, Xia J B, et al. For the bright future-bulk heterojunction polymer solar cells with power conversion efficiency of 7.4% [J]. Advanced Materials, 2010, 22(20), E135~E138.

[4] 于哲勋，李冬梅，秦达，等. 染料敏化太阳能电池的研究与发展现状[J]. 中国材料进展，2009，128(7~8)：8~15.

[5] O'regan B, Grätzel M. A low-cost, high-efficiency solar cell based on dye-sensitized colloidal TiO_2 films [J]. Nature, 1991, 353: 737~740.

[6] Gilmore A S. Studies of the basic electronic properties of CdTe thin films and completed CdTe/CdS solar cells [D]. Colorado: Colorado School of Mines, 2002.

[7] King R R, Law D C, Edmondson K M, et al. 40% efficient metamorphic GaInP/GaInAs/Ge multijunction solar cells[J]. Appl. Phys. Lett., 2007, 90(8): 183516.

[8] Mitzi D B, Todorov T K, Gunawan O, et al. Towards marketable efficiency solution processed kesterite and chalcopyrite photovoltaic devices [C]. Conference Record of the 35th IEEE Photovoltaic Specialist Conference, 2010: 640~645.

[9] Guo Q, Ford G M, Agrawal R, et al. Ink formulation and low-temperature incorporation of sodium to yield 12% efficient Cu (In, Ga)$(S, Se)_2$ solar cells from sulfide nanocrystal inks [J]. Prog. Photovolt: Res. Appl., 2012, 21(1): 64~71.

[10] 张晓科，王可，解晶莹. CIGS太阳电池的低成本制备工艺[J]. 电源技术，2005，29(12)，849~852.

[11] Hou WW, Bob B, Li S-H, et al. Low-temperature processing of a solution-deposited CuInSSe thin-film solar cell. [J]. Thin Solid Films, 2009, 517(24): 6853~6856.

[12] Kapur V K, Bansal A, Le P, et al. Non-vacuum processing of $CuIn_{1-x}Ga_xSe_2$ solar cells on rigid and flexible substrates using nanoparticle precursor inks. [J]. Thin Solid Films, 2003, 431(432): 53~57.

[13] Zettner J, Thoenissen M, Hierl T, et al. Novel porous silicon backside light reflector for thin silicon solar cells [J]. Prog. Photovolt: Res. Appl., 1998, 6(6): 423~432.

[14] Li L, Coates N, Moses D. Solution-processed inorganic solar cell based on in Situ synthesis and film deposition of $CuInS_2$ nanocrystals[J]. J. Am. Chem. Soc. 2010, 132(1): 22~23.

[15] Weil B D, Connor S T, Cui Y. $CuInS_2$ solar cells by air-stable ink rolling[J]. J. Am. Chem. Soc., 2010, 132(19): 6642~6643.

[16] Jiang Y, Wu Y, Mo X. Elemental solvothermal reaction to produce ternary semiconductor $CuInE_2$(E = S, Se) nanorods[J]. Inorg. Chem., 2000, 39(14): 2964~2965.

[17] Zhang A Y, Ma Q, Lu M K. Copper-indium sulfide hollow nanospheres synthesized by a facile solution-chemical method [J]. Cryst. Growth Des., 2008, 8(7): 2402~2405.

[18] Yu C L, Yu J C. A mild solvothermal route for preparation of cubic-like $CuInS_2$ crystals [J]. Mater. Let., 2009, 63(23): 1984~1986.

[19] Peng S J, Liang J, Zhang L. Shape-controlled synthesis and optical characterization of chalcopyrite $CuInS_2$ microstructures [J]. J. Cryst. Growth, 2007, 305(1): 99 ~ 103.

[20] Bonil K, Reken N P. Wurtzite-chalcopyrite polytypism in $CuInS_2$ nanodisks [J]. Chem. Mater., 2009, 21(9): 1962 ~ 1966.

[21] Bonil K, Reken N P. Synthesis of $CuInSe_2$ nanocrystals with trigonal pyramidal shape [J]. J. Am. Chem. Soc., 2009, 131(9): 3134 ~ 3135.

4 $CuInS_xSe_{2-x}$（CISS）薄膜的制备及其性能研究

$CuInS_2$光吸收层是薄膜太阳能电池中至关重要的一个环节，吸收层的质量对薄膜太阳能电池最终的光电性质有决定性的影响。不同的方法制备的 $CuInS_2$ 薄膜层，其结晶性能、原子的晶格配比等方面均会有所不同，而这些参数将在很大程度上影响到薄膜的光电性能。因此，选择一种合适的制备方法是很重要的。迄今为止，已经通过多种方法制备出 $CuInS_2$ 薄膜，如电化学沉积法、反应溅射、真空蒸发法等，总结起来可以分为真空法和非真空法两大类。真空法虽然能制备出效率较高的电池，但由于真空法的设备价格昂贵，而且这种方法对真空度的要求也比较高，所以这种方法并不适宜于大规模的工业化生产。相比较而言，非真空法的设备都比较简单、成本较低且成膜质量也较好，因而是一种比较适合于工业化生产的方法。目前，在非真空法中研究较多的主要有电化学沉积和墨水法两种。其中，在使用电化学沉积法制备 $CuInS_2$ 薄膜时，由于三元共沉积很容易析出杂质，所以难以得到单一的 $CuInS_2$ 黄铜矿相；而墨水法不仅成本低廉，能大面积成膜，而且能通过准确地控制各原子的配比，来获得质量较好的薄膜。在墨水法中可以通过丝网印刷、旋涂涂布、喷雾或刮刀等多种方法将前驱物墨水沉积在衬底材料上，进而得到前驱物薄膜。这里采用易热解的铜铟硫金属有机前体作为可降解配体作为成膜交联剂，采用旋涂法来制备 $CuInS_2$ 薄膜。由于在常温下 $CuInS_2$ 的带隙与太阳光谱的最强辐射能 1.45eV 有一定差别，因此仅仅使用 $CuInS_2$ 作太阳能电池的吸收层是不能充分利用太阳能的。

要想改变化合物的能带带隙，掺杂是最简单、最有效的办法。例如在 $CuInS_2$ 中掺入 Se 或 Ga 元素，使 Se 或 Ga 部分取代同族的 S 或 In 原子，所制备的化合物为 $CuIn(S_{1-x}Se_x)_2$（CISS）或 $Cu(In,Ga)Se_2$（CIGS），它们的结构仍然是黄铜矿结构，同样具有 CIS 所有的优点，

而且由于掺杂导致 $CuInSe_2$ 的禁带宽度增大，使之接近或者完全符合光伏转换的最佳带隙值 1.45eV。若适当调节掺杂的量，则可使禁带宽度在 1.04～1.7eV 间连续可调，也就是可以对 CIS 系的半导体材料进行能带剪裁。这样就可以把半导体吸收层做成梯度结构，进而能够充分吸收利用太阳能，大大提高 CIS 系太阳能电池的转换效率。据报道[1～2]，目前采用多元共蒸发技术制备的 CIGS 太阳能电池模块，实验室效率已高达 20%。此外，若在 CISS 中掺入 Ga 或者在 CIGS 中掺入 S，生成五元化合物 Cu(In,Ga)(Se，S)(CIGSS)，则可使该材料的禁带宽度在更大的范围内可调（1.04～2.4eV）[3]。所以对 $CuInSe_2$ 衍生的 Cu-In-Ga-Se-S 系太阳能电池吸收层的研究已成为当前光伏领域最大的热点[4～6]。

相比于在 $CuInS_2$ 中掺 Ga，掺 Se 则更易于实现，因此可以从制备 $CuInS_xSe_{2-x}$(CISS)入手。根据文献［7，8］报道，$CuInS_xSe_{2-x}$ 的带隙由 S 的量 x 决定。其带隙可表达为：

$$E_g^M(x) = xE_g^{t_1} - (1-x)E_g^{t_2} - x(1-x)\Delta X \tag{4-1}$$

式中，$E_g^{t_1}$ 是 $CuInS_2$ 的带隙；$E_g^{t_2}$ 是 $CuInSe_2$ 的带隙；ΔX 是与 $CuInS_xSe_{2-x}$ 有关的常数，其值为 0.04eV。则 $CuInS_xSe_{2-x}$ 的带隙理论上可以在 1.02～1.55eV 之间变化[9]。

$CuInS_xSe_{2-x}$ 的制备方法有磁控溅射法，共蒸发法，硒化/硫化前驱体法，高温煅烧元素前驱体混合物法，喷涂热解法，激光消融二元化合物法，机械化学法，液相生长法，电沉积法等，其中最具工业化前景的是硒化/硫化前驱体法。硒化/硫化前驱体法所用的前驱体为 Cu-In 合金、$CuInSe_2$ 以及 $CuInS_2$ 等。据文献［10］报道，在硫化温度为 500℃时，Se、S 均以气态存在，而薄膜中 Se/S 的量则可以由反应容器中的 Se/S 量进行控制。就硒化 $CuInS_2$ 前驱体而言[10,11]，大量硒元素的引入可以使 $CuInS_xSe_{2-x}$ 晶粒长大，晶粒越大太阳能电池的转换效率就越高。因此硒化/硫化前驱体法是制备 $CuInS_xSe_{2-x}$ 薄膜的一个简单、易行、有效的方法。然而，这个方法同样存在着缺点，例如操作手段复杂、设备昂贵、会涉及有毒气体 H_2S 等。

用于做电池的薄膜材料，对薄膜的质量和性能要求极高，这样才能保证得到的电池具有较高的效率。使用纳米粒子溶液法制备太阳能电池，不仅对纳米晶的要求很高（尺寸均一，大小适中），并且对包覆纳米晶的配体也有要求，即配体最好为短链可降解配体。在众多制备纳米材料的方法中，溶剂热合成技术由于具有众多的优点引起了人们的广泛关注。溶剂热法是由水热合成法发展而来的，只是采用的是有机溶剂而不是水作为反应体系，同样是在特定的密闭反应器（高压釜）中反应。通过将反应体系加热至一定温度，在反应釜内产生高压环境，在这种高压高温的环境下进行无机合成与材料制备。由于有机溶剂的多样性，且具有较低的沸点和各异的介电常数、极性、黏度等，因此可根据不同的溶剂体系和目标产物设计出不同的合成路线，从而扩大了溶剂热法的应用范围。溶剂热法的优点是，反应的成本很低而且所制备的样品具有较好的结晶性。更重要的是，其避免了其他方法制备纳米材料过程中需要较高的温度、有毒的反应物和特殊的设备等缺点。和水热合成法一样，也可以通过对反应体系的控制，得到具有不同形貌和性能的纳米粒子。

因此在实验的设计上可以采取如下步骤：首先采用溶剂热法合成纳米粒子，然后将分子前驱体溶液作为交联剂，将纳米粒子旋涂成膜，最后采用封管硒化的方法，在密封的玻璃试管中，充入氮气作为保护气，通过控制硒化时间和温度，就可以得到理想的 $CuInS_xSe_{2-x}$ 薄膜光吸收层。

4.1 实验部分

4.1.1 CIS 纳米粒子合成

4.1.1.1 原材料的选择

实验所用原材料见表 4-1。

4.1.1.2 主要实验仪器

实验所用仪器见表 4-2。

表 4-1 实验所用原材料

原料名称	分子式	纯 度	生 产 厂 家
氯化亚铜	$CuCl$	99.99%	上海阿拉丁化学试剂有限公司
氯化铟	$InCl_3$	99.99%	上海阿拉丁化学试剂有限公司
正已胺	$C_4H_{15}N$	99.5%	上海阿拉丁化学试剂有限公司
一正丁胺	$C_4H_{11}N$	99.5%	上海阿拉丁化学试剂有限公司
巯基丙酸	$C_3H_6O_2S$	99.5%	上海阿拉丁化学试剂有限公司
二硫化碳	CS_2	99.5%	上海阿拉丁化学试剂有限公司
丙酮	C_3H_6O	AR	北京化工厂
甲醇	CH_3OH	分析纯	北京化工厂
去离子水	H_2O	自制	

表 4-2 实验所用仪器

仪 器 名 称	生 产 厂 家
KQ2200DB 型超声波清洗仪	昆山市超声仪器有限公司
控温仪	巩义市予华仪器有限责任公司
C-MAG HS4 型加热磁力搅拌器	IKA
不锈钢水热釜（50mL、100mL）	长春天歌实验仪器厂
TDL-40B 离心机	上海安亭科学仪器厂
MAG HS7 加热磁力搅拌器	IKA 仪科
TP-214 型电子天平	Denver
鼓风干燥箱	上海精宏实验设备有限公司
85-1A 型磁力搅拌器	巩义市予华仪器有限责任公司

4.1.2 CISS 薄膜制备

4.1.2.1 原材料选择

制备 CISS 薄膜所需原材料见表 4-3。

表 4-3 制备 CISS 薄膜所需原材料

原料名称	分子式	纯 度	生 产 厂 家
氧化亚铜	Cu_2O	99.99%	上海阿拉丁化学试剂有限公司
氢氧化铟	$In(OH)_3$	99.99%	上海阿拉丁化学试剂有限公司
一正丁胺	$C_4H_{11}N$	99.5%	上海阿拉丁化学试剂有限公司
二硫化碳	CS_2	99.5%	上海阿拉丁化学试剂有限公司
硒粉	Se	99.99%	上海阿拉丁化学试剂有限公司
乙醇	C_2H_5OH	分析纯	北京化工厂
去离子水	H_2O	自制	

4.1.2.2 实验仪器

制备 CISS 薄膜所需实验仪器见表 4-4。

表 4-4 制备 CISS 薄膜所需实验仪器

仪 器 名 称	生 产 厂 家
KQ2200DB 型超声波清洗仪	昆山市超声仪器有限公司
C-MAG HS4 型加热磁力搅拌器	IKA
TDL-40B 离心机	上海安亭科学仪器厂
MAG HS7 加热磁力搅拌器	IKA 仪科
臭氧清洗机	香港迈可诺技术有限公司
循环水式真空泵	巩义市予华仪器有限责任公司
KSL-1100X 箱式炉	沈阳科晶自动化设备有限公司
KW-4A 型台式匀胶机	昆山力电精密机械仪器有限公司
标准手套箱	上海米开罗那机电技术有限公司
TP-214 型电子天平	Denver
磁控溅射仪器	北京科学仪器厂

4.2 主要测试仪器

对纳米粒子和薄膜的基本表征一般包括结构、组分、形貌等几方面，分别用到 X 射线衍射仪（XRD）、场发射电子显微镜（FESEM）、能谱分析仪（EDS）和热重与差热（TG-DSC）同步分析仪。此外，薄膜厚度和电学性质也需要进一步测试。

（1）物相与晶体结构分析。采用 Bruker D8 Focus 型 X 射线衍射仪测定样品的 XRD 图谱。Cu $K\alpha_1$ 射线（$\lambda = 0.15406$nm），最大功率 18kW，工作电压 40kV，工作电流 200mA，扫描速度与步长分别为 5°/min 和 0.02°，扫描范围为 20°～70°。纳米晶内部的原子排列具有周期性，晶面间距与 X 射线波长处于相同数量级，X 射线照射晶体时会出现衍射现象。如图 4-1 所示，光线在平行晶面间的光程不同，晶面 2 的光路比晶面 1 的多出 $BD + BF$，根据几何关系可以计算得到多出的光程为 $2BD = d\sin\theta$，而衍射条件要求光程差必须是波长的整数倍，这样就得到布拉格衍射方程为：$2d\sin\theta = n\lambda$（n 为正整数，θ 为衍射角，d 为晶面间距）。上述为 XRD 测试的理论基础。

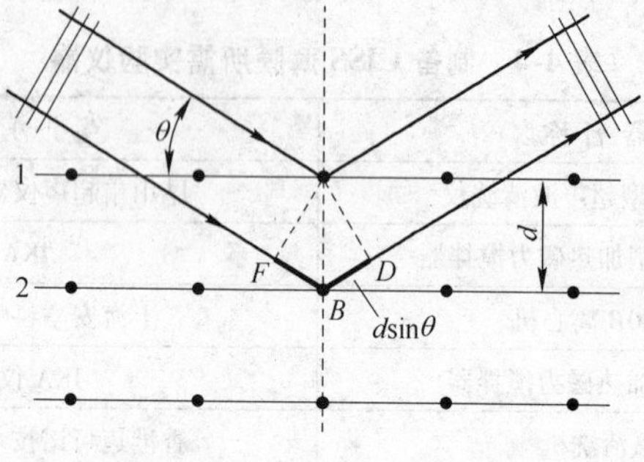

图 4-1　X 射线在晶体内的衍射图

（2）热分析（TG-DSC）。采用美国 TA instruments 公式生产的 SDT2960 型热重与差热（TG-DSC）同步分析仪在氮气或氩气气氛下测试样品的热行为，升温速率为 5～10℃/min，降温为自然冷却到室温。

（3）扫描电镜分析。本实验中所用扫描电子显微镜为 Hitachi S-4800型场发射扫描电子显微镜（Field emission scanning electron microscopy，FE-SEM）。样品测试时表面首先要经过喷金处理，观察时操作电压为 20kV。场发射电子显微镜主要是收集二次电子发射成像。阴极发射的电子经过电压加速及物镜缩小形成很细的电子束在样品表面聚焦，激发出二次电子，通过移动电子束对所选区域进行扫描，二次电子经过探头转变成信号，经过处理后的信号在屏幕上显示出样品的形貌。

（4）能谱分析仪（EDS）。能谱分析仪（energy dispersive spectrometer）用于纳米晶元素组成与比例的分析。所用仪器为 Hitachi S-4800 型扫描电镜附带的 X 射线能谱仪。工作原理为：电子枪发射的高能电子进入样品后与样品内的原子相互作用，产生出特征 X 射线。而每个元素都对应固定的 X 射线特征波长，它的大小由能级跃迁时释放的特征能量 ΔE 来决定，能谱仪就是利用不同元素具有不同的 X 射线特征能量这个特点来进行样品的成分分析的。

（5）透射电子显微镜和选区电子衍射。TEM 和 SAED 采用 FEI Tecnai G2 F20 型透射电子显微镜测量，加速电压为 200kV。透射电子显微镜（transmission electron microscope）用于观察纳米晶的微观形貌、尺寸大小以及分布情况，并且结合 XRD 图谱确定样品的晶格参数，测试数据主要包括低倍透射电镜（LR-TEM）、高倍透射电镜（HR-TEM）和选区电子衍射（SAED）。每种晶体中原子的原子序数各不相同，因此对电子的衍射强度也不同。透射电子显微镜的工作原理如下：电子枪发射出的电子束通过聚光镜汇聚成细小明亮的光斑照射在样品上，并在样品中发生衍射或散射后，从样品另一面透射产生振幅和相位衬度，通过物镜以下的透镜将这一衬度成像于荧光屏或底片上，另外还可以通过调节中间镜的焦距，使物镜后焦面上的晶体衍射图样成像。透射电镜不仅可以进行微观成像，还能够对样品进行晶体结构和微区成分分析。

（6）薄膜厚度测试。采用台阶仪（AMBIOS 公司 XP-100）测量薄膜的厚度。本章采用的仪器为 XP-100 台阶仪（Stylus profiler，分辨率小于 0.75nm，探针半径 12.5μm，压力 3mg，扫描长度 2000，美国 AMBIOS 公司）。

（7）薄膜方阻的测量。采用 Keithley2400 电流源四触点接触进行薄膜方阻的测量，测量范围为 0.1Ω ~ 200MΩ。

（8）薄膜吸收的表征。紫外-可见-近红外分光光度计（UV-Vis-NIR spectrophotometer）用来测试薄膜的吸收光谱从而确定禁带宽度。

测试所用仪器为 Metash UV-5200 型分光光度计。吸收光谱是样品内部的分子和原子在吸收入射光中特定波长的光后，发生分子振动能级和电子能级跃迁，不同物质的分子、原子结构各不相同，其吸收光谱也各不相同。因此，物质均有自身特有的吸收光谱。

(9) Hall 效应的测量。对于具有规则四方形结构的薄膜样品，Hall 效应的测量十分简单。Van der Pauw 法适用于任意几何形状、表面没有孔洞的均质样品。采用四探针或四电极方法，通过一系列的测量和计算可以得到样品的电阻率、Hall 系数、载流子浓度以及 Hall 迁移率。图 4-2 为 Van der Pauw 法测量样品 Hall 效应的示意图。

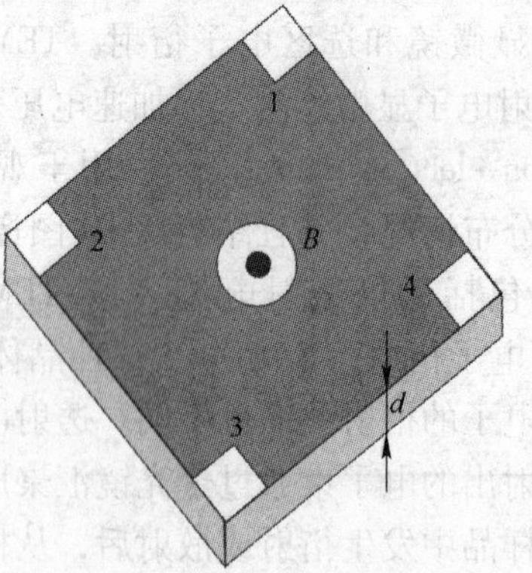

图 4-2 Van der Pauw 法测量样品 Hall 效应的示意图

下面以图 4-2 为例介绍 Van der Pauw 法测量 Hall 效应的方法以及其他各物理量的计算公式。I_{12}^+表示从 1→2 通过的电流值，$V_{12,43}^+$表示从 1→2 通过正向电流，在 4、3 端所测量的电压值。通过多组测量得到表 4-5 的数据。

表 4-5 Van der Pauw 法测得的各项数据

序 号	磁场 B 的方向和大小	电流 I 方向	电流大小	电压大小
1	$+B$	3→1	I_{31}^+ $(+B)$	$V_{31,42}^+$ $(+B)$
2	$+B$	1→3	I_{31}^- $(+B)$	$V_{31,42}^-$ $(+B)$
3	$-B$	3→1	I_{31}^+ $(-B)$	$V_{31,42}^+$ $(-B)$

续表 4-5

序　号	磁场 B 的方向和大小	电流 I 方向	电流大小	电压大小
4	$-B$	1→3	$I_{31}^{-}\ (-B)$	$V_{31,42}^{-}\ (-B)$
5	$+B$	4→2	$I_{42}^{+}\ (+B)$	$V_{42,13}^{+}\ (+B)$
6	$+B$	2→4	$I_{42}^{-}\ (+B)$	$V_{42,13}^{-}\ (+B)$
7	$-B$	4→2	$I_{42}^{+}\ (-B)$	$V_{42,13}^{+}\ (-B)$
8	$-B$	2→4	$I_{42}^{-}\ (-B)$	$V_{42,13}^{-}\ (-B)$

Hall 系数的计算公式如下，其中 B 为磁感应强度：

$$R_{H1} = \frac{1}{B(T)} \cdot \frac{V_{31,42}^{+}(+B) - V_{31,42}^{-}(+B) + V_{31,42}^{-}(-B) - V_{31,42}^{+}(-B)}{I_{31}^{+}(+B) - I_{31}^{-}(+B) + I_{31}^{-}(-B) - I_{31}^{+}(-B)} \quad (m^2/C)$$

$$= 10^8 \times \frac{1}{B(G)} \cdot \frac{V_{31,42}^{+}(+B) - V_{31,42}^{-}(+B) + V_{31,42}^{-}(-B) - V_{31,42}^{+}(-B)}{I_{31}^{+}(+B) - I_{31}^{-}(+B) + I_{31}^{-}(-B) - I_{31}^{+}(-B)} \quad (cm^2/C) \tag{4-2}$$

$$R_{H2} = \frac{1}{B(T)} \cdot \frac{V_{42,13}^{+}(+B) - V_{42,13}^{-}(+B) + V_{42,13}^{-}(-B) - V_{42,13}^{+}(-B)}{I_{42}^{+}(+B) - I_{42}^{-}(+B) + I_{42}^{-}(-B) - I_{42}^{+}(-B)} \quad (m^2/C)$$

$$= 10^8 \times \frac{1}{B(G)} \cdot \frac{V_{42,13}^{+}(+B) - V_{42,13}^{-}(+B) + V_{42,13}^{-}(-B) - V_{42,13}^{+}(-B)}{I_{42}^{+}(+B) - I_{42}^{-}(+B) + I_{42}^{-}(-B) - I_{42}^{+}(-B)} \quad (cm^2/C) \tag{4-3}$$

对于体效应（d 为样品的厚度），有

$$R_{HC} = R_{H1} \cdot d(m,cm) \quad (m^3/C) \quad (cm^3/C) \tag{4-4}$$

$$R_{HD} = R_{H2} \cdot d(m,cm) \quad (m^3/C) \quad (cm^3/C) \tag{4-5}$$

最后计算出平均 Hall 系数（体效应）为：

$$R_{Hav} = \frac{R_{HC} + R_{HD}}{2} \quad (m^3/C, cm^3/C) \tag{4-6}$$

载流子浓度（体效应）为：

$$n(p) = \frac{1}{|R_{Hav}| \times e} \quad (1/m^3, 1/cm^3) \text{ 其中 } e = 1.6021892 \times 10^{-19} C \tag{4-7}$$

Hall 迁移率为：

$$\mu_H = \frac{|R'_{Hav}|}{\rho'_{av}} \quad (m^2/(V \cdot s), cm^2/(V \cdot s)) \tag{4-8}$$

在直流电学性质的测量中使用 Keithley2400 电流源提供电流，由 Keithley2700 万用表测量电压，体系的磁场由东方晨景 9060 型电磁铁提供，大小则由 Lakeshore 420 高斯计测得。整个系统通过 Keithley Kusb-488 接口适配器和 GPIB 电缆与计算机相连接，通过计算机控制的程序自动进行电阻率测量和 Hall 效应测量。

通过对半导体材料进行霍尔效应测试就可以判断出材料的导电类型，得出载流子浓度、迁移率等相关物理参数。

4.3 $CuInS_2$ 纳米颗粒的合成

4.3.1 $CuInS_2$ 纳米颗粒的合成过程

选用正丁胺作为反应溶剂，用溶剂热法制备 Cu-In-S 纳米颗粒，具体操作步骤如下：选取不同比例的氯化亚铜和氯化铟（将 Cu/In 摩尔比例分别为 0.9/1、0.7/1、0.5/1 的样品命名为 a、b 和 c），加入 10mL 正丁胺溶液，用超声清洗机将溶液超声均匀。之后将上述溶液加入配好的正丁胺和二硫化碳混合溶液中，再加入定量的巯基丙酸加入反应溶液中，在常温下搅拌一段时间。将混合溶液倒入带有聚四氟乙烯内衬的不锈钢高压反应釜中，把高压釜放入 180℃烘箱中，保持反应 2h。随后取出高压反应釜，待其自然冷却到室温后打开，滴加几滴甲醇溶液到反应液中，出现沉淀，将沉淀用无水乙醇反复洗涤抽滤若干次。将最后得到的洗涤产物放在真空炉中，60℃下真空干燥 4h，得到固体产物 $CuInS_2$。随后用上述各种表征手段对产物进行物化性能分析。图 4-3 即为使用正丁胺为溶剂制备 $CuInS_2$ 的具体实验流程图。

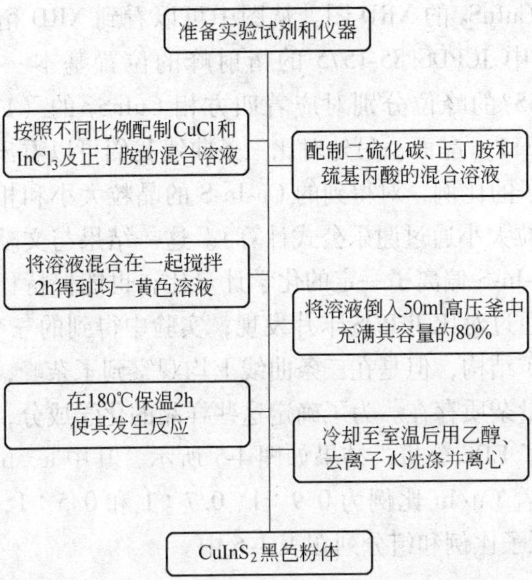

图 4-3 溶剂热法制备 $CuInS_2$ 的具体实验流程图

4.3.2 $CuInS_2$ 纳米颗粒的实验结果

为了研究化合物的晶体结构变化、物相组成，对所得实验产物进行了 X 射线衍射分析。图 4-4 为采用一正丁胺作为溶剂、不同 Cu/In

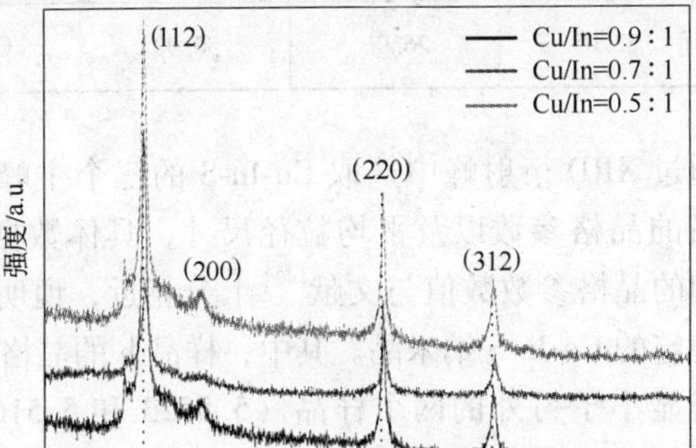

图 4-4 正丁胺作为配体样品的 XRD 图谱

比例制备的$CuInS_2$的XRD图。从图中可以看到XRD衍射峰的位置和标准卡片中JCPDS 85-1575的衍射峰的位置基本一致。在28°、32°、47°和55°的峰位分别对应着四方相$CuInS_2$的（112）、(200)、(220）和（312）晶面。另外对比三条曲线我们可以看出，改变反应物金属阳离子的比例，对得到的Cu-In-S的晶粒大小和相结构没有大的影响（晶粒大小通过谢乐公式计算）。这一结果与文献所报道的一致，即使Cu-In-S偏离了一定的化学计量比，也能保持稳定的黄铜矿结构。同时通过对比JCPDS卡片发现，实验中得到的三个Cu-In-S样品均为黄铜矿结构，但是在三条曲线上均观察到了杂峰，说明得到的样品中有少量杂质存在。为了确定这些样品的化学成分，进一步对三个样品进行了EDS分析，结果如图4-5所示，其中a、b和c三个样品分别对应着Cu/In比例为0.9∶1、0.7∶1和0.5∶1，得到的Cu、In、S三种原子比例和组分列在表4-6中。

表4-6 采用正丁胺为溶剂制备样品的原子比例 （%）

样 品	Cu	In	S	组 分
a	28.40	23.85	47.75	$Cu_{1.19}InS_{2.00}$
b	24.48	25.95	49.57	$Cu_{0.94}InS_{1.91}$
c	22.05	26.96	50.99	$Cu_{0.82}InS_{1.89}$

另外，通过XRD衍射峰中选取Cu-In-S的三个主峰计算得到三组纳米晶样品的晶格参数以及平均粒径尺寸，具体数据如表4-7所示。计算得到的晶格参数数值与文献[12]十分相近，说明采用此种方法可以得到稳定的Cu-In-S纳米晶。其中，样品b的晶格参数$a=b=5.2876$，要明显小于另外的两个样品（5.5523和5.5166），而$c=11.2164$，则要大于另外两个样品（11.0082和11.0481）。另外从平均粒径尺寸上来看，样品a的最小，为14.72nm，而样品b的最大，为22.46nm。然而并没有总结出晶格参数和平均粒径随Cu/In比例的改变而变化的规律。

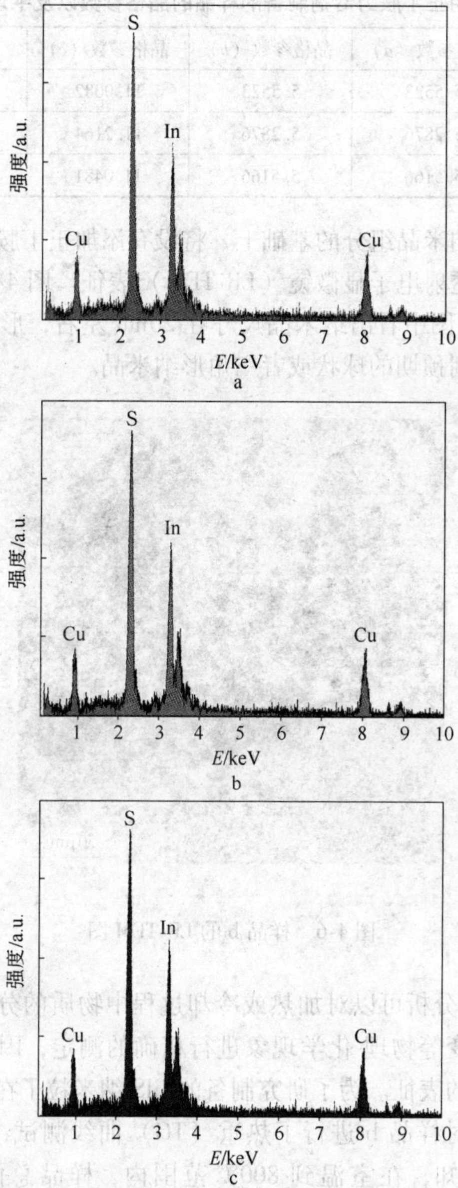

图 4-5 样品 a、b 和 c 的 EDS 图谱

表 4-7 采用正丁胺为溶剂制备的样品的晶格参数以及平均粒径尺寸

样 品	晶格参数（a）	晶格参数（b）	晶格参数（c）	平均粒径/nm
a	5.5523	5.5523	11.0082	14.7159
b	5.2876	5.2876	11.2164	22.4521
c	5.5166	5.5166	11.0481	22.3196

在确定了纳米晶组分的基础上，将没有添加正丁胺配体的 b 样品进行了低分辨透射电子显微镜（LR-TEM）表征。图 4-6 为样品 b 的 LR-TEM 图，从图中看出纳米晶尺寸在 20nm 左右，形状各异且不均一，并没有得到预期的球状或者三角形纳米晶。

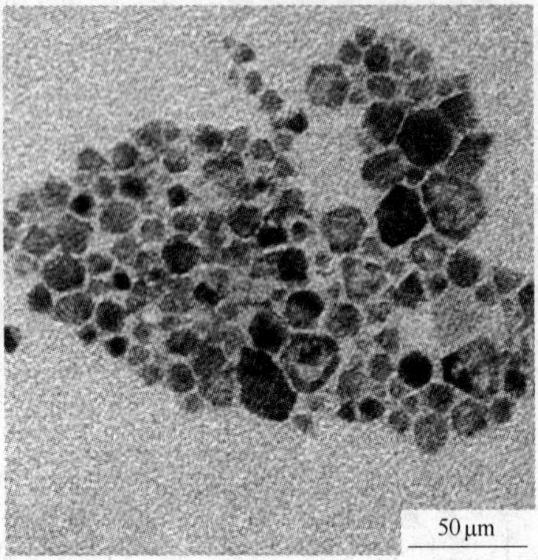

图 4-6 样品 b 的 LR-TEM 图

热重/差热分析可以对加热或冷却过程中物质的分解、失水、氧化、还原、相变等物理-化学现象进行精确的测定，因此被广泛地应用于各种材料的表征。为了研究制备的 CIS 纳米粒子在不同温度下的热行为，我们对样品 b 进行了热重（TG）曲线测试，结果如图 4-7 所示。由图可知，在室温到 800℃ 范围内，样品总的质量损失为 9.4%，其中低温阶段（小于 100℃）的质量损耗主要来自有机体的分解，而高温区域的损耗主要来自过量的硫族元素挥发[3]。TG 曲线

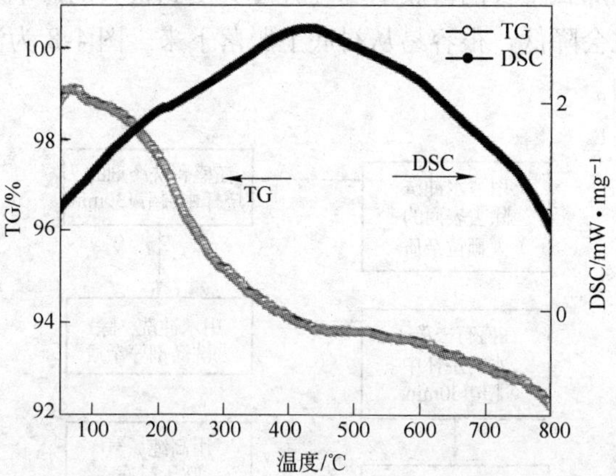

图 4-7 样品的 TG-DSC 曲线

表明，在高于400℃之后并没有发生明显的失重现象，说明样品的挥发、分解已经完全结束。纳米粒子的晶型很好，并且非常稳定。就DSC 曲线而言，没有明显的特征峰，只是在 300 ~ 600℃之间有一个大的波包，意味着在这个温度区间是一个放热的过程。

4.4 CISS 薄膜的制备

4.4.1 衬底的选择与处理

衬底材料对薄膜的质量有着重要的影响，即使采用相同的生产方法和工艺参数，所用的衬底材料不同，生长出的薄膜质量也会有很大的差异。因此，选择合适的衬底材料是制备高效薄膜电池的基础。经过调研发现，普通的钠钙玻璃（又名 soda lime 苏打玻璃）具有许多其他材料所不具备的优点，如以其为衬底生长的 CIS 薄膜晶粒排列比较紧密、晶粒尺寸比较大、膜的取向性比较清晰，并且附着性好、不易脱落。另外，由于钠钙玻璃与 Mo 层之间具有良好的黏附性，因此可以在钠钙玻璃上溅射一层 Mo 膜作为背电极。鉴于钠钙玻璃的众多优点，这里选用钠钙玻璃作为衬底来制备太阳能电池。

在选择好衬底材料后，衬底的清洗也是很重要的。如果衬底没有清洗干净，那么生长的薄膜的均匀程度会受到很大的影响，而且薄膜的附着性也会降低，很容易从衬底上脱落下来。图 4-8 为清洗玻璃基底的流程图。

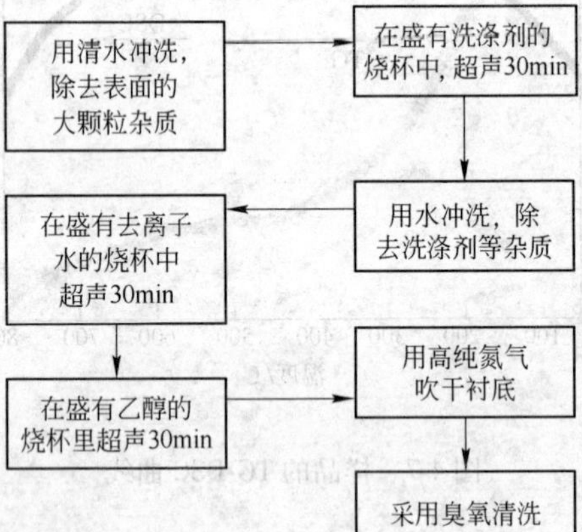

图 4-8 清洗玻璃基底的工艺流程图

Mo 膜的溅射是采用北科仪生产的射频测控溅射仪器。所制备薄膜的表面形貌如图 4-9 所示，从图中可以看出 Mo 膜表面非常平整。图 4-10 为相应的 XRD 谱图，可以看出晶体生长取向为（110）径向。

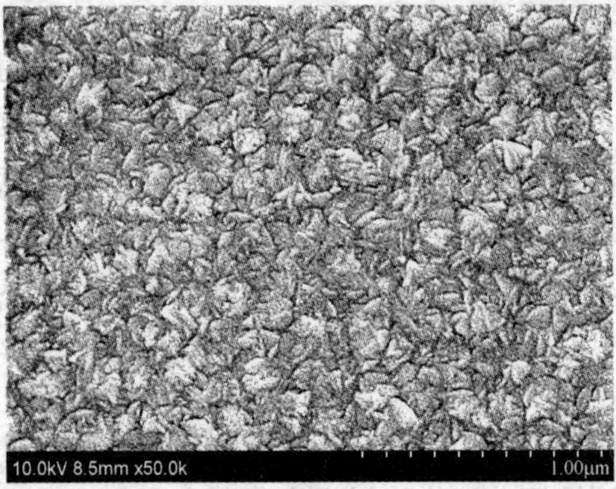

图 4-9 Mo 膜表面的 SEM 图片

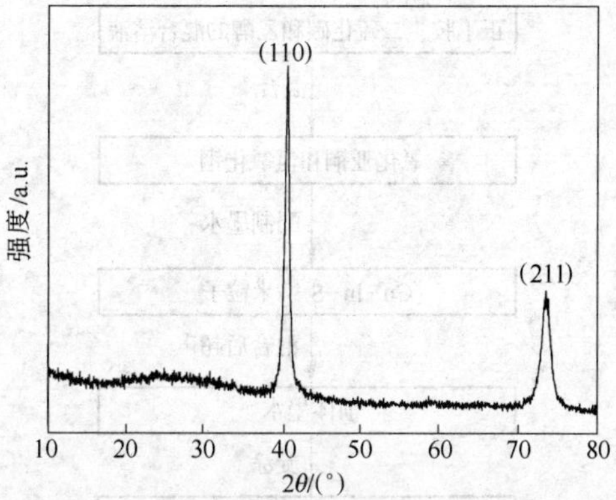

图 4-10 Mo 膜的 XRD 图

经过薄膜厚度和薄膜方块电阻测量发现，所制备的 Mo 膜厚度约为 1μm，电阻大小为 0.2Ω。

4.4.2 旋涂法制备 $CuInS_2$ 薄膜

4.4.2.1 前驱物墨水的选择

在这里选择易热解的铜、铟、硫金属有机前体作为可降解配体成膜交联剂，交联剂包覆铜铟硫纳米粒子得到前驱物墨水，然后通过旋涂的方法制备 $CuInS_2$ 薄膜，最后对 $CuInS_2$ 薄膜进行硒化，得到带隙合适的 $CuInS_xSe_{2-x}$（CISS）吸光层。图 4-11 给出了制备 CISS 吸收层的具体工艺流程图。具体步骤如下：

前驱墨水的选择是制作 CISS 预置层的一个重要步骤，墨水中粉体的分布是否均匀直接决定了 CISS 光吸收层的质量，并最终影响太阳能电池的效率。选择前驱墨水的原则为易热解的可降解溶液、无毒环保、易于涂覆成膜等。这里选择易热解的铜、铟、硫金属有机前体做成膜交联剂，制作方法如下：选择氧化亚铜和氢氧化铟（按照摩尔比 9∶10）作为金属阳离子，酒精作为溶剂，加入过量的二硫化碳和正丁胺进行反应，最终生成铜、铟、硫金属有机前体，具体黏度可以通过调整添加溶剂的量来进行控制。随后加入前面合成好的 $CuInS_2$

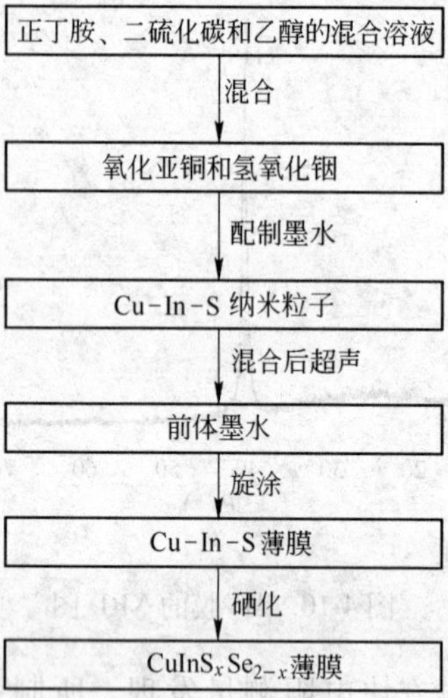

图 4-11 旋涂法制备 CISS 光吸收层的工艺流程图

纳米晶（样品 e），通过搅拌、超声将纳米粒子均匀分散于溶液中，得到黑色的胶状溶液。在这里，前驱物墨水溶液的浓度一般控制在 0.4mmol/mL，以便能在旋涂时均匀成膜。

4.4.2.2 旋涂法制备预置薄膜

为了避免空气中的水和氧对实验结果的影响，旋涂实验是在干燥的手套箱中进行的。手套箱中采用 N_2 为保护气，将水和氧的含量分别控制在 1×10^{-6}以下。将配制好的前驱物墨水在台式匀胶机上旋涂成膜。一般来说，薄膜的厚度和表面均匀性可以通过调节浆料的黏稠度、涂膜时的旋转速度、涂膜的时间以及涂膜的次数来控制。在本实验中，旋涂分为两步：第一步，选择较低的转速和较短的时间旋涂，使浆料在衬底表面分布均匀，我们采用的转速为 1000r/min，时间为 9s；第二步，选择较高的转速和较长的时间，使浆料不仅在衬底上分布得更加均匀，而且薄膜的厚度也进一步变薄，一般转速设为 3000r/min，时间为 60s。然后在手套箱中的加热板上在 350℃ 温度下加热，目的是使有机溶剂和配体挥发，最后通过反复旋涂得到致密的

$CuInS_2$ 薄膜。使用这种方法所制备的薄膜吸收层的厚度一般在 1～1.5μm。

4.4.2.3 薄膜的硒化处理

薄膜硒化处理的具体步骤如下：在快速升温炉中以 10℃/min 速率升温到额定温度，采用固态 Se 源（Se 粉）进行硒化，将旋涂好的薄膜和定量的硒粉封装在密闭的玻璃试管中（内部以 Ar 或 N_2 为保护气体)，之后将玻璃管放入硒化炉内。通过调节硒化的时间和硒化的温度等条件得到理想的 CISS 吸光层。经过反复实验，我们得到最优参数：$CuInS_2$ 在 540℃ 保温 45min 得到的 CISS 吸收层的性能最理想。

4.4.3 结果与讨论

图 4-12 是 CIS 前驱物样品的 TG 曲线。TG 曲线用来调查前驱物热分解过程中的性质。固体的 CIS 前驱物样品是在室温情况下，在手套箱中进行干燥得到的。然后将固体前驱物放到 Pt 盘上，在流动的氩气环境中加热到 800℃。从图 4-12 中可以看出，只有一次质量损失，发生在 200～250℃之间，这部分质量损失主要来自有机体的分解，随后再没有观察到明显的质量损耗。XRD 测试分析结果表明，最终得到的样品是黄铜矿相 CIS，如图 4-13 所示。在图中可以看到，

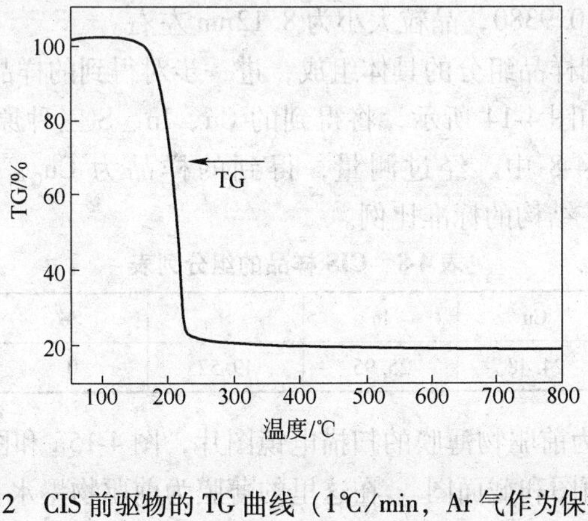

图 4-12 CIS 前驱物的 TG 曲线（1℃/min，Ar 气作为保护气）

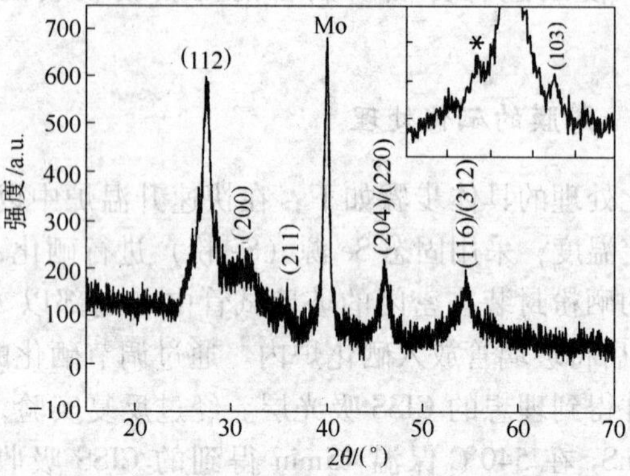

图 4-13 旋涂好的 CIS 薄膜的 XRD 图谱

在 40°左右的最高峰是背电极 Mo 的峰，而薄膜主要的衍射峰则出现在 27.43°、32.17°、35.92°、45.89°和 54.48°，分别对应着（112）、(200)、(211)、(204)/(220)、(116)/(312) 径向，然而这些峰和闪锌矿结构的峰几乎一致。为了进一步确定所得的薄膜是黄铜矿结构，需要找到一些只属于黄铜矿结构的特殊的衍射峰。如在图 4-13 右上角插入的小图所示，在 29.14°对应的（103）径向是黄铜矿特有的衍射峰。在图 4-13 中星号处的一个小包，认为是在旋涂成膜过程中形成的缺陷和位错[12]。另外，通过计算得到薄膜的晶格常数为 $a=b=5.7273$，$c=10.9380$，晶粒大小为 8.12nm 左右。

为了得到样品组分的具体组成，进一步对得到的样品进行了元素分析，结果如图 4-14 所示，将得到的 Cu、In、S 三种原子的比例和组分列在表 4-8 中。经过测量，得到的样品为 $Cu_{0.94}InS_{1.9}$，接近 $CuInS_2$ 黄铜矿结构的标准比例。

表 4-8 CIS 样品的组分列表 （%）

样 品	Cu	In	S	Se	组 分
Cu-In-S	24.48	25.95	49.57	0	$Cu_{0.94}InS_{1.9}$

图 4-15 为前驱物薄膜的扫描电镜图片，图 4-15a 和图 4-15b 分别为 CIS 的表面图和截面图。在这里的薄膜为前驱物墨水在 350℃旋涂

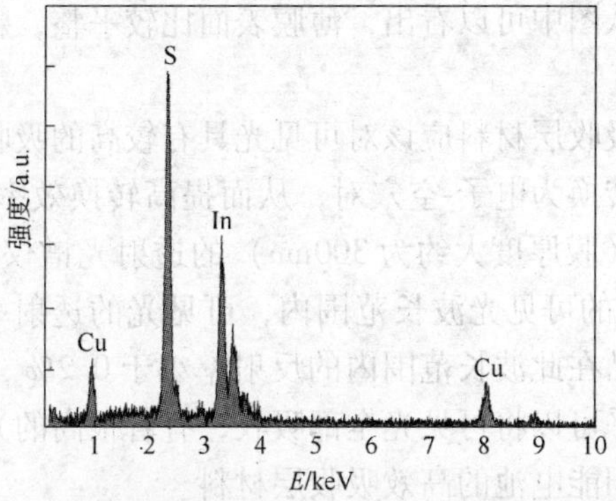

图 4-14 CIS 薄膜的 EDS 谱图

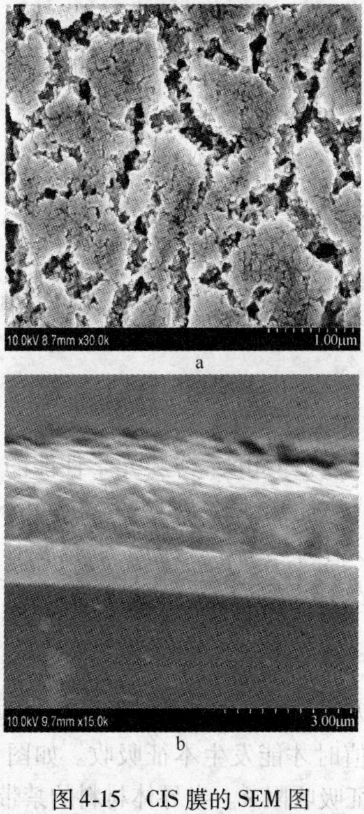

图 4-15 CIS 膜的 SEM 图

a—表面图；b—截面图

四次的结果。从图中可以看出，薄膜表面比较平整，颗粒均匀，厚度约为 1μm。

良好的光吸收层材料应该对可见光具有较高的吸收效率，以保证有更多的光子转换为电子-空穴对，从而提高转换效率。图 4-16 为上面得到的薄膜（膜厚度大约为 300nm）的透射光谱仪测试结果曲线。在 390 ~ 780nm 的可见光波长范围内，可见光的透射率接近于 0，而我们测试的样品在此波长范围内的反射率小于 0.2%，由此可见我们制备的薄膜几乎可以将可见光全部吸收，有着很高的光吸收效率，非常适合作为太阳能电池的高效吸收层材料。

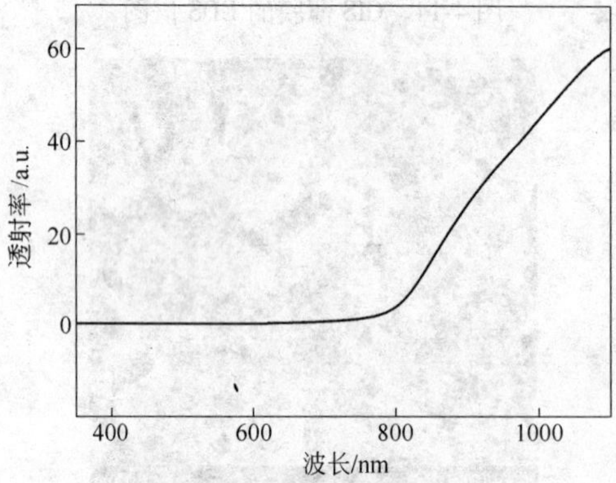

图 4-16　CISS 薄膜的透射光谱图

光学禁带宽度是表征 $CuInS_2$ 薄膜光学性能的一个重要参数，可以通过测量其吸收光谱计算得出。图 4-17 为 $CuInS_2$ 薄膜的吸收谱图。只有当入射的光能大于半导体材料的禁带宽度时，才会发生本征吸收，这可以用公式表示出来[13]：

$$\frac{hc}{\lambda} = h\nu > E_g \tag{4-9}$$

表现在吸收光谱上为不是所有波长的波都能被吸收，只有当入射的波长小于某一个临界值时才能发生本征吸收。如图 4-17 所示，这个临界的波长被称为本征吸收限 λ。半导体材料的禁带宽度就可以通过本征吸收限计算出来：

$$E_g = \frac{1240}{\lambda} \tag{4-10}$$

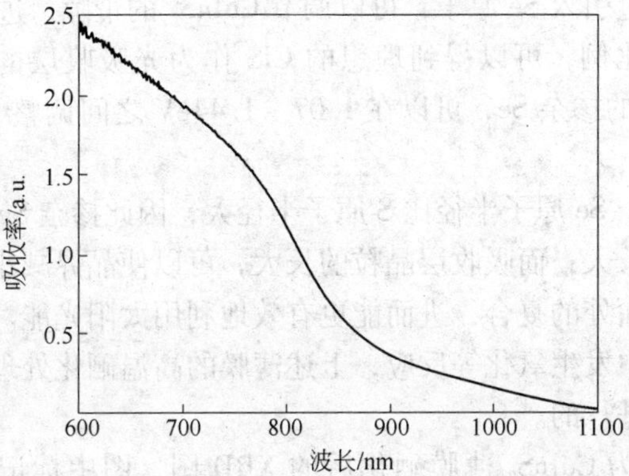

图 4-17 $CuInS_2$ 纳米晶的 UV-Vis-NIR 吸收谱

对于半导体材料而言，其本征吸收限可以通过在吸收谱图上作出两条切线，然后取切线交点横坐标的方法获得[14]，如图 4-17 所示。通过在图 4-17 中在曲线转折点处做两条切线，切线交点的横坐标为 853nm，所以 $CuInS_2$ 薄膜的本征吸收限 $\lambda = 825$nm，禁带宽度 $E_g = 1240/\lambda = 1.50$eV，证明其是很好的薄膜太阳能电池吸收层材料。

接下来对薄膜的方阻进行了测量，其电阻范围在兆欧量级。由于此时吸收层粒子的尺寸很小，导致复合界面很多，从而大大影响了对太阳光的利用效率，因此需要对吸收层进行进一步优化。对于材料性质的优化，最简单、最直接、最有效的方式就是掺杂。一般选用与 $CuInS_2$ 材料中阴阳离子同族的元素来优化材料的性质。在过去的工作中主要是掺杂阳离子 Ga 或者阴离子 Se，或者两者兼而有之来减小 $CuInS_2$ 带隙。然而在实际中，对于 $CuInS_2$，与掺杂 Ga 相比，掺杂阴离子 Se 对改善材料的带隙更便捷、更有效。IBM 等小组就是通过引入 Se 原子来调节 CISS 的带隙并且进一步优化薄膜的转换效率的。

薄膜的硒化主要有以下几方面的优点：

一是经过高温处理可以进一步去除在前驱物溶液成膜过程中可能存在的杂质，如碳、氧等。

二是通过引入 Se 原子，可以调节 $CuInS_2$ 的带隙，进一步改变 Se 原子的引入比例，可以得到理想的 CIS 作为光吸收层的带隙。据报道[15]，适当的掺杂 Se，可以在 1.07 ~ 1.44eV 之间调整 Cu-In-S 材料的能带宽度。

三是由于 Se 原子半径比 S 原子半径大，因此掺杂 Se 原子可以进一步使晶粒长大；而吸收层晶粒的长大，可以使晶界减小，减少电子和空穴在界面处的复合，进而能更有效地利用太阳光能。为了防止在掺杂的过程中发生氧化等反应，上述薄膜的高温硒化处理是在氮气气氛的保护下进行的。

图 4-18 为 $CuInS_2$ 薄膜硒化后的 XRD 图，图中标记的峰位均为 CISS 的主要特征峰。另外，除了强度比较明显的衍射峰之外，还可以观察到一些强度比较弱的衍射峰，如（103）、（200）等。这些峰的出现更进一步说明所得到的物质是纯相的黄铜矿结构 CISS，这与相关文献中报道的一致。另一方面，通过 JADE 5.0 软件拟合，得到硒化后的晶粒的晶格常数为 $a = b = 5.8261$，$c = 11.5011$，平均晶粒大小为 100nm 左右。其中，晶格参数要高于 $CuIn(SSe)_2$ 的标准值，这可能是由于经过硒化以后，大部分 S 原子被 Se 原子所替换，因为 Se 的原子半径要大于 S 原子，所以导致晶格参数增大[16]。为了进一步

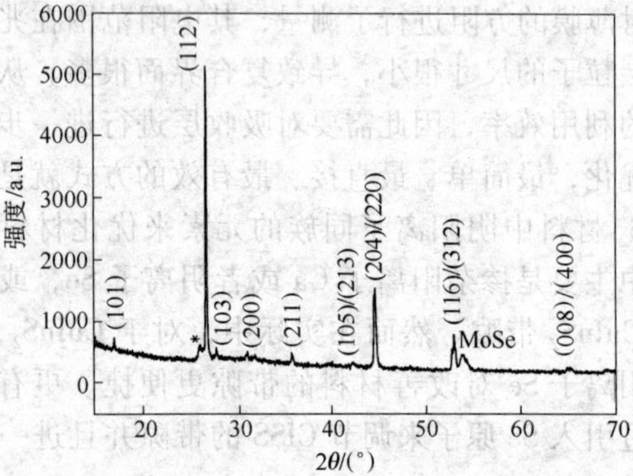

图 4-18 $CuInS_2$ 薄膜硒化后的 XRD 图

确定薄膜的元素组分，进一步对 CISS 薄膜进行了 EDS 分析，如图 4-19所示，各个元素的原子比归纳到表 4-9 中。经过测量，得到的 CIS 样品组分为 $Cu_{0.90}InS_{0.62}Se_{1.38}$，与理想的 $CuIn(Se,S)_2$ 中 1 : 1 的原子比例有所偏差。

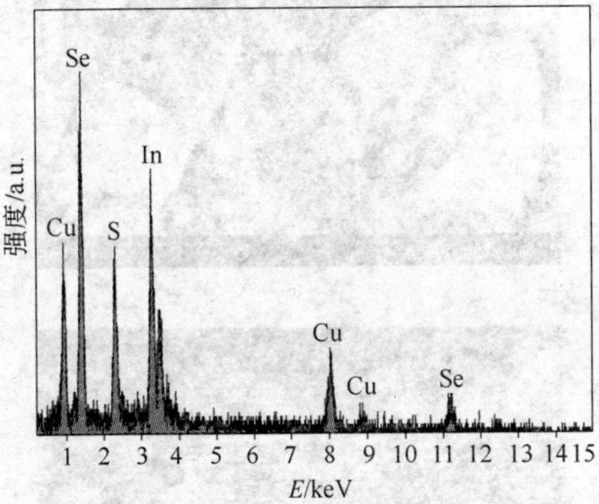

图 4-19　CISS 薄膜硒化后的 EDS 图

表 4-9　CISS 薄膜硒化后的组分列表　　　　(%)

样　品	Cu	In	S	Se	组　分
Cu-In-S-Se	23.53	25.03	15.10	36.34	$Cu_{0.94}InS_{0.62}Se_{1.38}$

图 4-20 为 CISS 薄膜表面形貌和截面形貌的扫描电镜图片。从图中可以看到，硒化后的 CISS 薄膜表面比较平整、晶粒排列连续、晶粒尺寸较大、晶界明显减少。而通过截面图我们也可以看到，整个吸收层的颗粒尺寸都很大，说明样品硒化得比较完全。结合上面的数据，证实采用上述方法制备的 CISS 薄膜是均匀的、晶界较少的薄膜，是非常有潜力的薄膜太阳能电池材料。

CISS 薄膜的电学性质对电池材料也十分重要，因此需要对薄膜进行 Hall 效应测试，结果如表 4-10 所示。测试结果表明，CISS 的各项参数均非常符合做太阳能电池吸收层的材料，所以在后面的工作中，我们采用这个薄膜作为太阳能电池的吸收层。

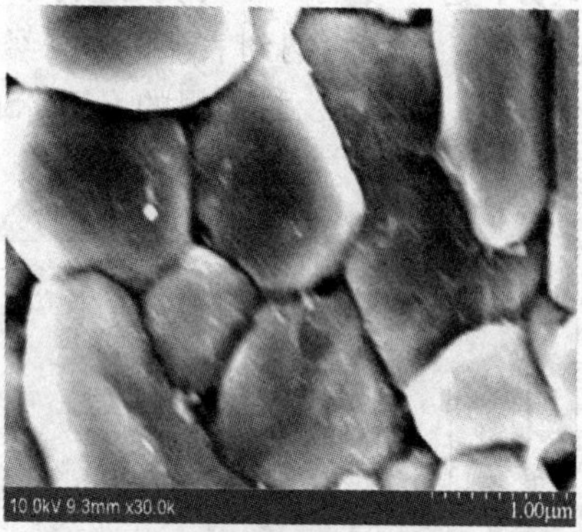

a

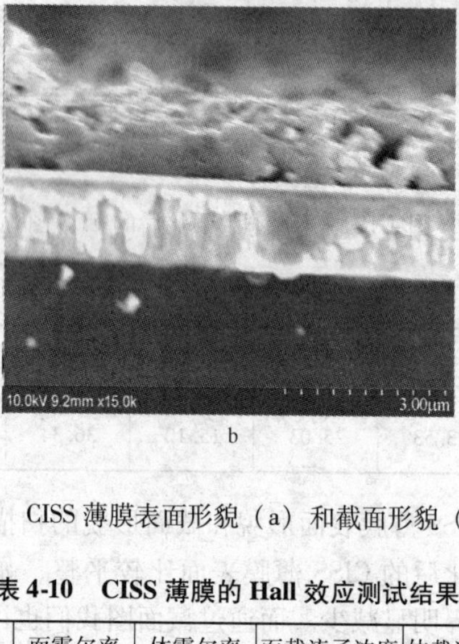

b

图 4-20 CISS 薄膜表面形貌（a）和截面形貌（b）图

表 4-10 CISS 薄膜的 Hall 效应测试结果

面电阻率	体电阻率	面霍尔率	体霍尔率	面载流子浓度	体载流子浓度	迁移率	P/N
5.844×10^{6}	5.844×10^{3}	8.985×10^{7}	8.985×10^{4}	6.946×10^{12}	6.946×10^{19}	15370	P

参 考 文 献

[1] Contreras M A, Egaas B, Ramanathan K, et al. Progress toward 20% efficiency in Cu (In, Ga)Se$_2$ polycrystalline thin-film solar cells[J]. Prog. Photovolt: Res. Appl, 1999, 7

(4): 311~315.

[2] Ramanathan K, Contreras M A, Perkings C L, et al. Properties of 19.2% efficiency ZnO/CdS/$CuInGaSe_2$ thin-film solar cells[J]. Prog. Photovolt: Res. Appl., 2003, 11(4): 225~230.

[3] Gassla M, Shafarman W N. Five-source PVD for the deposition of Cu ($In_{1-x}Ga_x$)($Se_{1-y}S_y$)$_2$ absorber layers[J]. Thin solid Films, 2005, 480(481): 33~36.

[4] Taunier S, Kerrec O. Cu (In, Ga)(S, Se)$_2$ solar cells and modules by electrodeposition [J]. Thin Solid Films, 2005, 480(481): 526~531.

[5] Contreras M A, Ramanathan K, AbuShama J, et al. Diode characteristics in state-of-the-art ZnO/CdS/Cu ($In_{1-x}Ga_x$)Se_2 solar cell[J]. Prog. Photovolt: Res., Appl., 2005, 13(3): 209~216.

[6] Jochen T, Robert W B. Sulfur incorporation into copper indium diselenide single crystals through annealing in hydrogen sulfide[J]. J. Appl. Phys., 2006, 99(4): 043502.

[7] Zeaiter K, Llinares Y, Llinarès C. Structural and photoluminescence study of the quaternary alloys system CuIn(S_xSe_{1-x})$_2$[J]. Sol. Energy Mater. & Sol. Cells, 2000, 61(3): 313~329.

[8] Wei S H, Zunger A. Band offsets and optical bowings of chalcopyrites and Znbased Ⅱ-Ⅵ alloys[J]. J. Appl. Phys., 1995, 78(6): 3846~3856.

[9] Engelmann M, McCandless B E, Birkmire R W. Formation and analysis of graded CuIn ($Se_{1-y}S_y$)$_2$ films[J]. Thin Solid Films, 2001, 387(1~2): 14~17.

[10] Ohashi T, Inakoshi K, Hashimoto Y K. Preparation of CuIn (S_xSe_{1-x})$_2$ thin films by sulfurization and selenization[J]. Sol. Energy Mater. & Sol. Cells, 1998, 50(1~4): 37~42.

[11] Yamaguchia T, Naoyamaa T, Lee H S, et al. Preparation of CuIn (S, Se)$_2$ thin films by thermal crystallization in sulfur and selenium atmosphere[J]. J. Phys. Chem. Solids, 2003, 64(9~10): 1831~1834.

[12] Guo Q, Kim S J, Kar M, et al. Development of $CuInSe_2$ nanocrystal and nanoring inks for low-cost solar cell [J]. Nano Lett., 2008, 8(2): 2982~2987.

[13] 杨德仁. 太阳电池材料[M]. 北京: 化学工业出版社, 2006.

[14] Kang S H, Kim J Y, Sung Y E. Role of surface state on the electron flow in modified TiO_2 film[J]. Electrochim. Acta, 2007, 52(4): 5242~5250.

[15] Chavhan S, Sharma R. Growth, structural and optical properties of non-stoichiometric CuIn ($S_{1-x}Se_x$)$_2$ thin films deposited by solution growth technique for photovoltaic application [J]. J. Phys. Chem. Solids, 2006, 67(4): 767~773.

[16] Liu W, Mitzi D B, Yuan M, et al. 12% efficiency CuIn(Se,S)$_2$ photovoltaic device prepared using a hydrazine solution process[J]. Chem. Mater., 2010, 22(3): 1010~1014.

5 CISS 薄膜太阳能电池的制备及其性能研究

CISS 薄膜太阳能电池具有多层的层状结构，即在玻璃衬底上分别沉积多层薄膜，形成 PN 结构而构成光电转换器件。从光入射层开始，以下各层分别为：金属栅状电极、减反射膜、窗口层（ZnO 和 ITO）、缓冲层（CdS）、光吸收层（CISS）、金属背电极（MO）以及玻璃衬底。CISS 太阳能电池具体的制备流程如图 5-1 所示。

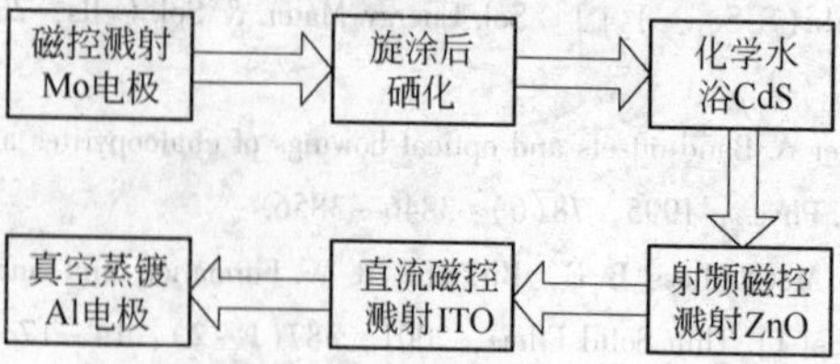

图 5-1 CISS 电池工艺流程

由于 CISS 太阳能电池结构中各层薄膜的性质对电池的性能均会产生很大影响，所以必须保证结构中的各层薄膜均匀、致密且具有良好的光电特性。因此需要对各层薄膜进行单项实验，并对薄膜的晶化程度、光学特性和电学特性进行测试，再反复优化实验参数进而得到理想的薄膜。前面我们通过硒化的方法得到了很好的 CISS 光吸收层材料，接下来我们主要通过优化后面的工艺，制备高效率的太阳能电池。

5.1 实验部分

5.1.1 实验药品

实验用原材料见表 5-1。

表 5-1 实验用原材料

原料名称	分子式	纯 度	生产厂家
硫 脲	$(H_4N)_2S$	99.99%	上海晶纯化学试剂有限公司
硫酸镉	$CdSO_4$	99.99%	上海晶纯化学试剂有限公司
氨 水	$NH_3 \cdot H_2O$	GR	上海晶纯化学试剂有限公司
ZnO 靶材	ZnO	99.9%	深圳研创公司
ITO 靶材	ITO	99.99%	深圳研创公司
Al 丝	Al	99.99%	北科仪

5.1.2 主要实验仪器

实验中用到的主要仪器见表 5-2。

表 5-2 实验仪器

仪 器 名 称	生 产 厂 家
C-MAG HS4 型加热磁力搅拌器	IKA
MAG HS7 加热磁力搅拌器	IKA 仪科
JPGF-450 射频磁控溅射仪	北京北仪创新真空技术有限责任公司
真空镀膜机 DM-300B	北京北仪创新真空有限公司

5.2 薄膜性质的测试

5.2.1 基本性质的表征

对薄膜性质的基本表征一般包括结构、组分、形貌、光学和电学性能等几方面。分别用到 X 射线衍射仪（XRD）、场发射电子显微镜(FESEM)、能谱分析仪（EDS）、紫外-可见-近红外分光光度计(UV-Vis-NIR)、台阶仪以及 2400 源表等。这与之前测试吸收层的性质的仪器和方法都相同，具体步骤可以参见第 4 章。

5.2.2 太阳能电池性质的测试

太阳能电池测试系统（solar cells test system）包括三部分：ABET technologies Sun2000 型太阳光模拟器、kithley-2400 型多功能电

源电表和控制与信号收集平台。太阳光模拟器提供稳定可持续的光照，多功能电源电表用来采集电流、电压数据，与其相连的电脑程序控制测试范围并读取数据。设计得到的薄膜电池是在室温 25℃、AM1.5、$100mW/cm^2$ 的标准太阳能模拟器下进行模拟测试的。

5.3　缓冲层 CdS 的制备

5.3.1　CdS 材料的特性

CdS 是一种重要的直接带隙半导体材料，其禁带宽度约为 2.4eV，接近黄光的区域，可以用来探测高能射线等[1]以及制备黄色发光管和激光器等器件。由于 CdS 薄膜具有优良的光电性能，常被用作窗口材料而广泛应用于太阳能电池、光敏器件、图像传感器和非线性集成光电器件等光电领域。

在 CIS 太阳能电池系统中，CdS 的主要作用是：

（1）由于 CdS 与 CIS 薄膜的晶格失配较低，约为 1.4%[2]，因此在 CIS 与 ZnO 之间沉积一层较薄的 CdS 薄膜，可以有效地改善异质结的晶格失配现象，减少两种材料交界面处的悬键和界面态，从而减少其对光生载流子的复合，提高电池效率。

（2）由于溅射沉积的本征 ZnO 薄膜厚度较薄，容易出现针孔，这些针孔会使 CIS 与 ITO 连通，造成电池短路，而结构均匀、致密的 CdS 薄膜则可以有效地包裹 CIS 层，从而减小电池短路的发生几率。

（3）Cd 离子可以扩散到 CIS 表面形成微量掺杂，由于 Cd 离子的半径和 Cu 离子非常接近，因此扩散到 CIGS 层的 Cd 会代替 Cu 形成 N 层反型层，与 P 型的 CIS 吸收层形成内置的 PN 结[3]，改善异质结的特性。

5.3.2　旋涂法制备 CdS 薄膜

制备 CdS 薄膜的方法有很多种，比如化学水浴法、真空蒸镀法、溅射法、喷涂热解法、电沉积法、丝网印刷法以及 MOCVD 法[4]等。

在众多的制备方法中，化学水浴沉积法（CBD）由于具有设备简单、成膜均匀、生产成本低等优点，逐渐受到了科研人员的广泛关注。CBD法是在具有特定温度的水浴槽中，通过混合几种特定浓度的溶液完成化学反应的方法。不同溶液体系得到的CdS薄膜都可以作为CIS太阳电池的缓冲层，但溶液体系、溶液浓度、水浴温度和沉积时间不同，得到的CdS薄膜的性能也会有所不同[5]。目前采用CBD法制备CdS的研究多采用氯化盐体系、硫酸盐体系或醋酸盐体系。这里选用硫酸盐体系来制备CdS薄膜作为具体实例。

在化学水浴法沉积制备CdS薄膜的过程中，由于CdS的溶度积（$K_{sp}=1.10\times10^{-19}$）很小，若让$Cd^{2+}$与$S^{2-}$直接反应，则很容易生成沉淀物（$Cd^{2+}+S^{2-}\rightarrow CdS\downarrow$），这样就很难形成薄膜，即使形成薄膜，也很难控制其厚度和质量。因此设法控制Cd^{2+}、S^{2-}的分解释放，是制膜成败的关键。所以在实验设计中，Cd^{2+}以配合物[$Cd(NH_3)_4^{2+}$]的形式存在，这样就起到了缓释Cd^{2+}的作用；而S^{2-}则由硫脲[$(NH_2)_2CS$]分解提供，这就是经典的硫脲-氨水体系法。

实验主要分为三个步骤，具体如下：

第一步：先将去离子水、$CdSO_4$、$(NH_4)_2SO_4$和氨水放入烧杯中，在室温下充分搅拌，使得Cd^{2+}与NH_3生成配合物，并在衬底表面进行吸附，反应如下：

$$Cd^{2+}+4NH_3\longrightarrow Cd(NH_3)_4^{2+}$$

第二步：缓慢滴加硫脲至上述溶液中，搅拌5min，在OH^-的作用下，硫脲进行分解得到S^{2-}，反应如下：

$$(NH_2)_2CS+OH^-\longrightarrow CH_2N_2+H_2O+HS^-$$

$$HS^-+OH^-\longrightarrow S^{2-}+H_2O$$

第三步：将装有上述混合溶液的烧杯放在水浴锅中加热，在一定温度下配合物不稳定，将与硫离子发生反应生成CdS并放出氨气。反应如下：

$$Cd(NH_3)_4^{2+}+S^{2-}\longrightarrow CdS+4NH_3\uparrow$$

实验证明，要想制备出高质量的CdS薄膜，控制Cd^{2+}是最为关键的一环。事实上，任何一个实验条件的改变都会或多或少地影响到薄膜的质量。许多研究者对水浴温度、搅拌速度、pH值大小、配合剂的种类、反应物的浓度、缓冲剂、沉积基板、后续处理等一系列因素进行研究[6~9]，试图找到制备性能优良的、适合于高效率 CIS 薄膜电池器件的应用。研究发现，当水浴温度在 65℃ 左右，pH 值为 11 时，制备出的 CdS 薄膜的性能最为理想。

5.3.3　CdS 薄膜的基本性质

CdS 薄膜的厚度大约为 70nm。采用场发射扫描电子显微镜来测试薄膜表面的形貌。如图 5-2 所示，制备的薄膜表面致密平整、粒度均匀，尺寸大约为 40nm。为了研究材料的晶体结构变化、物相组成，进一步对样品进行了 X 射线衍射分析，如图 5-3 所示。由于样品未经

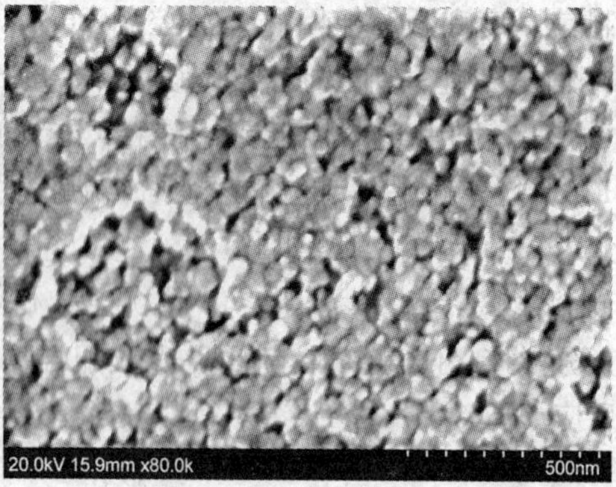

图 5-2　水浴法制备的 CdS 薄膜表面的 SEM 图谱

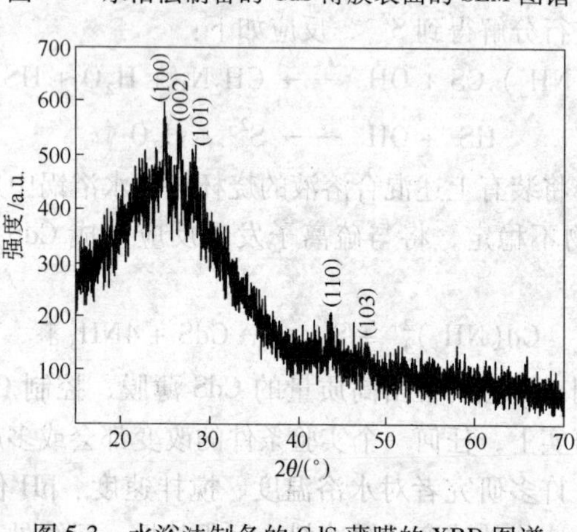

图 5-3　水浴法制备的 CdS 薄膜的 XRD 图谱

过高温处理，所以结晶性并不是很好。由 X 射线衍射分析图可知，主要的衍射峰的位置与标准卡片中（JCPDS 41-6149）的衍射峰基本符合，其中 24.82°、26.54°、28.28°、43.68°和 48.74°的峰位分别对应着六方相（100）、（002）、（101）、（110）和（103）的衍射晶面。

另一方面，作为 CISS 薄膜太阳能电池的窗口层和缓冲层，CdS 薄膜的光透过性对电池的性能有着非常重要的影响。从透射光谱（图 5-4）可以看出，CdS 薄膜对波长大于 530nm 的可见光有着接近 90% 的高透过率，完全可以满足 CIS 电池对缓冲层的透射要求。另外，CdS 薄膜的禁带宽度可以通过在吸收谱中做切线（如图 5-5 所

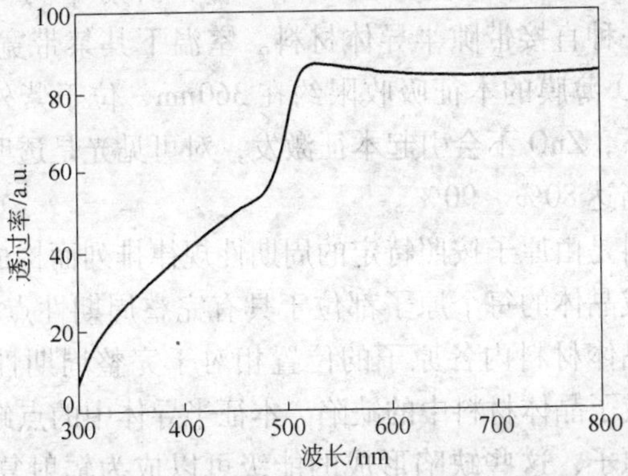

图 5-4 水浴法制备的 CdS 薄膜的透射光谱

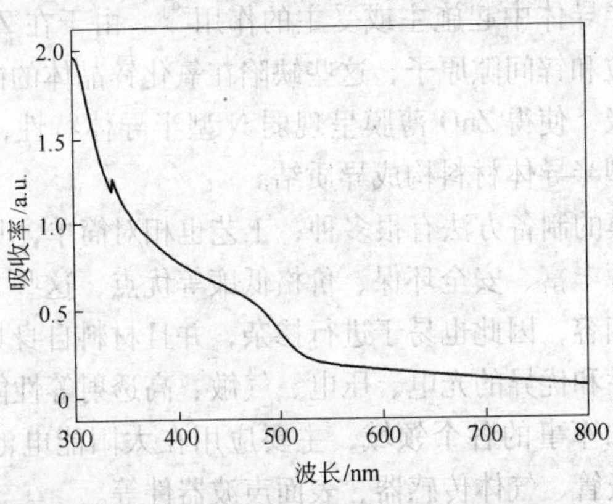

图 5-5 水浴法制备的 CdS 薄膜的吸收谱图

示），并取切线交点的横坐标来计算。由图可知，交点的横坐标在 520nm 处，通过计算得到 CdS 薄膜的带隙为 2.38eV，这个数值非常接近 CdS 理想配比时带隙宽度的数值（大约为 2.4eV）。

5.4 窗口层 i-ZnO 与 ITO 的制备

5.4.1 窗口层 i-ZnO 材料的特性

本征 ZnO 是一种六方纤锌矿结构的金属氧化物，属六角晶系，化学键介于离子键和共价键的中间状态，晶格常数为 $a = 0.3249$nm，$c = 0.5207$nm，晶体的密度为 5.68g/cm^3，折射率为 2.2，熔点为 1975℃，是一种直接带隙半导体材料。室温下其禁带宽度为 3.2eV，这意味着 ZnO 薄膜的本征吸收限约在 360nm，位于紫外区。因此在可见光照射下，ZnO 不会引起本征激发，对可见光是透明的，其可见光透过率可高达 80% ~90%。

晶体材料是由原子按照特定的周期性规律排列而构成的。在理想情况下，构成晶体的每个原子都位于具有完整周期性点阵的格点上，但实际上，晶体材料内各原子的位置相对于完整周期性总是存在偏离，这就构成了晶体材料中的缺陷。本征半导体中的点缺陷包括晶格空位和间隙原子，这些缺陷形成的能级可以成为辐射复合中心（即发光中心），也可以形成非辐射复合中心，从而导致发光效率降低，这类缺陷在半导体中起施主或受主的作用[9]。由于在 ZnO 薄膜中容易形成氧空位和锌间隙原子，这些缺陷在氧化锌晶体的能带结构中会形成缺陷能级，使得 ZnO 薄膜呈现弱 N 型半导体特性，因此它可以和 CIS 等 P 型半导体材料构成异质结。

ZnO 薄膜的制备方法有很多种，工艺也相对简单，具有生长温度低、材料来源丰富、安全环保、价格低廉等优点，这些方法与硅平面工艺也比较相容，因此也易于进行掺杂，并且材料自身具有较高的物理化学稳定性和优异的光电、压电、气敏、高透射等性能，因此广泛应用于民用和军事的各个领域，主要应用在太阳能电池、紫外探测器、发光二极管、气体传感器、表面声波器件等。

制备 i-ZnO 薄膜的方法主要有溅射法、金属有机物化学气相沉积

(MOCVD)、脉冲激光沉积（PLD)、分子束外延（MBE)、喷雾热分解、溶胶-凝胶法等，其中前4种方法都可以生长出性能优异的ZnO薄膜，是制备ZnO半导体光电器件的良好选择[10,11]。

由于本征ZnO为弱N型半导体，不能提供足够的电子，因此需要在ZnO上沉积一层N型透明导电氧化物（TCO)。TCO主要是由In、Sb、Zn、Cd等元素组成的氧化物或复合多元氧化物，目前使用最多的TCO是掺锡氧化铟（ITO)。

具有体心立方铁锰矿结构的氧化铟锡（ITO）是一种重掺杂、高简并的N型半导体材料，其薄膜具有3.5~4.3eV的宽能隙，且载流子浓度接近10^{21}cm，这样的浓度使得电导率高达$10^{-4}\Omega\cdot cm$，从而表现出良好的电学性能。同时ITO薄膜还表现出优异的光学性能，如对可见光的透过率大于90%、红外光的反射率大于70%、紫外光的吸收率大于85%、微波的衰减率大于85%等。这些优异的光电性能配以其特有的高硬度、良好的耐磨性和耐化学腐蚀特性以及良好的加工性能，使ITO薄膜被广泛地应用在LED等领域，例如电子显示器件、太阳能电池、建筑用节能视窗、军用仪器设备等[12~14]。ITO薄膜的制备技术有很多种，包括化学气相沉积(CVD)、激光脉冲沉积（PLD)、磁控溅射沉积等[15~20]。目前在实际生产和实验研究中制备ITO薄膜广泛采用的方法是磁控溅射法[15~20]。

5.4.2 磁控溅射法溅射 i-ZnO 和 ITO 薄膜

在相对稳定的真空状态下，阴阳极间会发生辉光放电，极间的气体分子被高速电子碰撞、电离形成正离子，并受阴极负电位吸引加速运动而撞击阴极上的靶材，将其原子或粒子溅出，这些溅出的原子则沉积于阳极极板上最终形成薄膜，这种物理现象即称为溅射（sputtering)。而磁控溅射的基本原理就是在溅射过程中加入磁场，并以磁场来改变电子的运动方向，束缚和延长电子的运动轨迹，从而提高电子对工作气体的电离几率，更加有效地利用电子的能量。因此，使用正离子来轰击靶材所引起的靶材溅射效果更好。同时，受正交电磁场束缚的电子，又只能在其能量要耗尽时才沉积在基片上。这就是磁控溅射具有“低温”“高速”两大特点的机理。相比于其他薄膜制备方法，如蒸发、溶胶-凝胶、化学气相沉积、MBE和PLD等，磁控溅射具有如下优点：

（1）衬底温度较低，甚至可以是室温；

（2）衬底和薄膜的附着性较好；

（3）沉积速度快；

（4）沉积过程的可控性高，参数容易调节；

（5）对于其他方法不能制备的材料，如材料组分的蒸气压相差较大的化合物或合金，磁控溅射都可使用；

（6）采用反应磁控溅射还可以直接从金属靶获得氧化物薄膜；

（7）设备简便，适合大规模生产。

目前磁控溅射主要有两种模式，一种为直流（DC）磁控溅射，另一种是射频（RF）磁控溅射。直流溅射是利用离子轰击靶材产生的二次电子，使放电能自持。因此溅射时靶和衬底间必须加上一个高电压，用于加速二次电子，这样二次电子能够有足够的能量来离化溅射离子，最终达到放电自持。而射频溅射是在靶极上施加高频电压，等离子体中的电子和离子将在高频电场的作用下交替地向靶迁移。由于电子的迁移率比离子的迁移率高很多，所以当频率很高时，离子向靶极的迁移就会跟不上高频信号的频率变化。相对于负半周期，正半周期将有更多的电子到达靶材表面，从而将靶变成负的自偏压。正是这一负电势使得溅射离子加速，溅射才得以产生。

鉴于两种模式各自的优异性能，可以分别采用射频磁控溅射法制备本征ZnO薄膜，随后利用直流磁控溅射法溅射ITO薄膜。

采用射频磁控溅射方法制备ZnO薄膜时，溅射是在室温下进行的，基片不加热，并采用冷却水来冷却。为了防止氧离子和反应不充分的金属粒子进入吸收层，引起掺杂效应而影响吸收层性能，因此对靶材采用无氧溅射，具体参数如下：靶材为烧结的氧化锌陶瓷靶（纯度为99.99%，直径为8.0cm），靶与衬底之间的距离为7cm，溅射室背底真空为2.0×10^{-3}Pa，工作气体为氩气（纯度为99.99%），气体流量控制在50sccm，工作气压为0.5Pa。溅射起辉之前使真空室内保持 2.5Pa 的氩气氛围 5min，以保证室内达到均衡的气氛，每次溅射前先预溅射 5min 以除去靶材表面污物，溅射功率变化范围为 50 ~ 125W，沉积时间为 6min。

采用直流磁控溅射方法制备 ITO 薄膜时采用的是平面溅射方式，真空室用循环冷却水冷却。基片与圆形靶表面平行，靶基距离为 6.7cm。溅射同样是在室温下进行的，基片不加热，并采用冷却水来冷却。靶材为铟锡氧化物（In_2O_3：SnO_2 = 90：10），密度为 99.3%。溅射室背底真空为 1.0×10^{-3} Pa，工作气体为氩气（纯度为 99.99%），气体流量控制在 50sccm，工作气压为 2.5Pa。溅射起辉之前使真空室内保持 0.5Pa 的氩气氛围 5min，以保证室内达到均衡的气氛，每次溅射前先预溅射 5min 以除去靶材表面污物，溅射功率的变化范围为 50 ~ 125W，沉积时间为 6min。

5.4.3 i-ZnO 和 ITO 薄膜的性质

由于电池中 ZnO 的厚度只有 50 ~ 80nm，因此要尽量保证薄膜的平整。我们用 SEM 来表征薄膜表面的形貌，如图 5-6 所示。在 Ar 气压为 1Pa 时得到的薄膜颗粒形状规则、尺寸均匀、粗糙度小，符合电池中对薄膜平整度的要求。

对于 ITO，同样在 1Pa 时得到的薄膜表面较为平整、颗粒排列紧

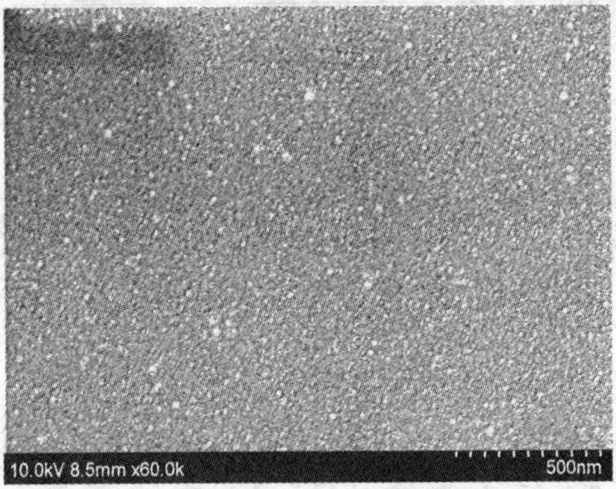

图 5-6 ZnO 薄膜的 SEM 图片

密、尺寸均匀，如图 5-7 所示。薄膜表面结构平整、致密，晶粒大小分布在 10 ~ 30nm 范围内。这些性能完全符合制备薄膜太阳能电池高效窗口层的要求。

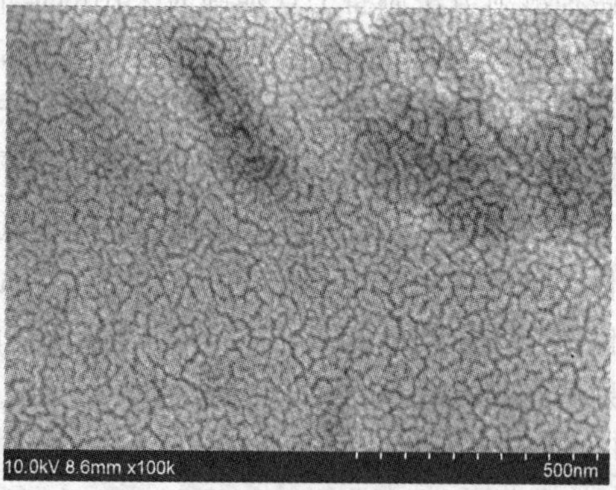

图 5-7 ITO 样品的 SEM 图片

进一步对不同气压下制备的 ZnO 和 ITO 薄膜进行了透光性测试。为了便于比较，所有样品的膜厚均为 60nm。图 5-8 为 ZnO 样品的透射光谱，可以看出溅射得到的 ZnO 薄膜对可见光均有很好的透过性，在可见光全波长范围内的透射率都大于 80%。图 5-9 为 ZnO 的光学

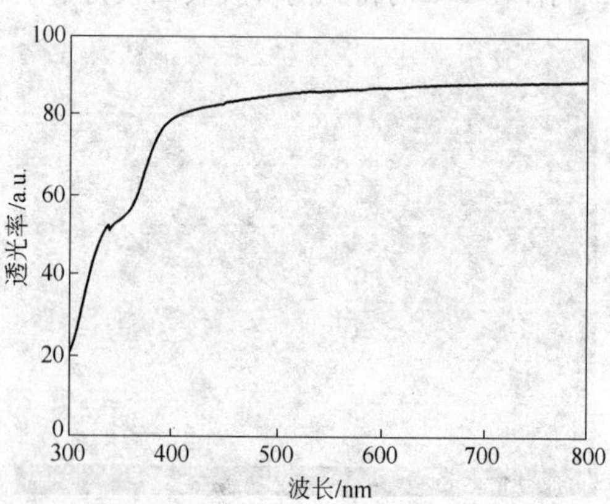

图 5-8 射频磁控溅射得到的 ZnO 薄膜的透射光谱

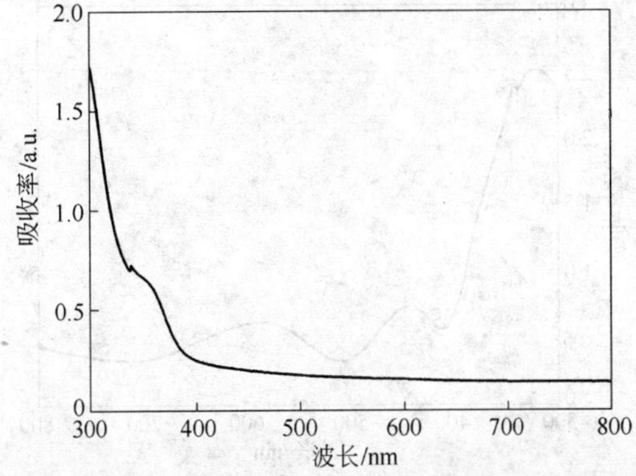

图 5-9 射频磁控溅射得到的 ZnO 薄膜的吸收谱图

吸收谱图，从图中计算得到 ZnO 薄膜的光学带隙为 3.2eV，大于 CdS 的 2.4eV。作为缓冲层，有助于增加短波段的光吸收，对提高电池电流密度有一定帮助，因此符合高效窗口层的透射率与禁带宽度的要求。

在 300 ~800nm 可见光范围内测量了 ITO 薄膜的透光率，如图 5-10所示。可以看出，膜厚在 300nm 时，薄膜的透光率在整个测试范围内平均在 80% 以上，显示了优良的透光性。图 5-11 为 ITO 的光学

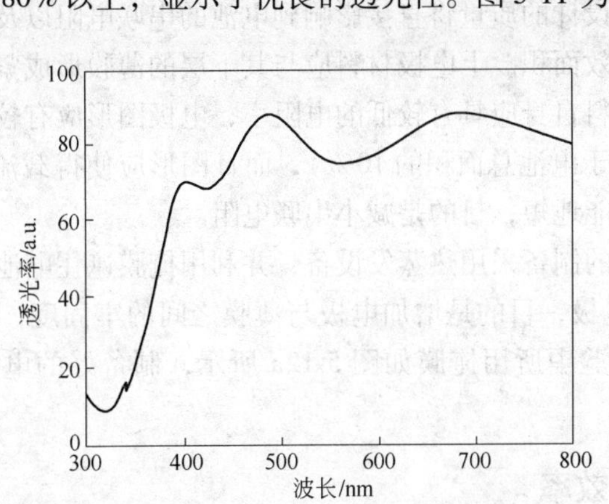

图 5-10 直流磁控溅射得到的 ITO 薄膜的透射光谱

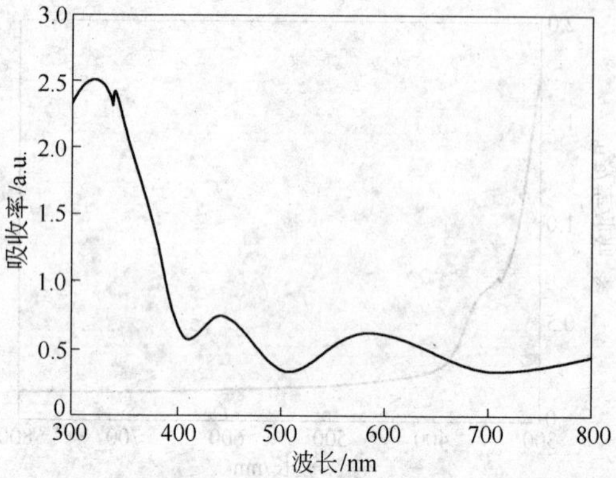

图 5-11 直流磁控溅射得到 ITO 薄膜的吸收谱图

吸收谱图，从图中计算得到 ZnO 薄膜的光学带隙为 3.3eV。同样，作为缓冲层，对增加短波段的光吸收，提高电池电流密度均有一定的帮助。

5.5 上电极的制备

作为 CIS 太阳能电池设计与制造中的重要环节，对上电极材料的选择和线形设计的质量将直接影响到电池的串联电阻以及电池可接收太阳光的有效面积。上电极材料应与其下层的薄膜形成紧密的欧姆接触，并且材料自身应具有较低的电阻率，电极图形应有较小的遮挡面积（一般小于电池总面积的 10%），而且图形应使得载流子流经 ITO 的路径尽可能地短，目的是减小串联电阻。

上电极的制备采用热蒸发设备，并利用掩膜遮住电池。首先蒸镀少量的 Ni 电极，目的是增加电极与薄膜之间的牢固度，然后再蒸镀 Al 电极。实验中所用掩膜如图 5-12a 所示，制备好的电极实物如图 5-12b 所示。

5.6 电池效率

在光辐照强度为 $100mW/cm^2$ 的 AM 1.5 模拟太阳光下，测得

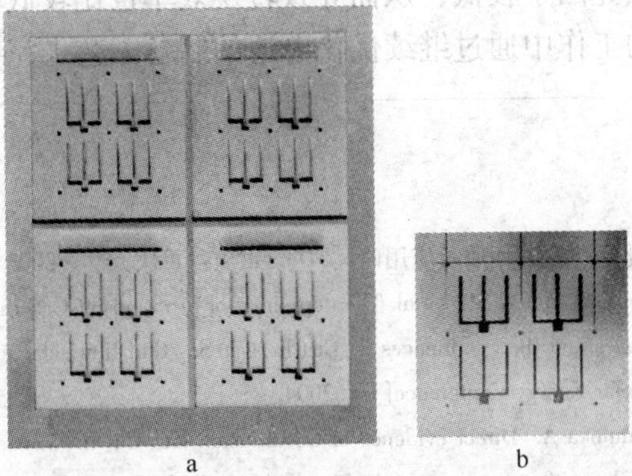

a b

图 5-12 实验中所用掩膜（a）及制作好的电极实物（b）

CISS 薄膜光伏电池器件 U_{oc} 为 369mV，J_{sc} 为 22.09mA/cm^2，填充因子为 30.2%，光电转换效率为 2.48%。造成光伏电池器件开路电压与短路电流较低的原因在 CISS/CdS 界面处，较大的缺陷密度造成了较大的复合电流；另外一个可能的原因是在制备电池的过程中某些部分的破损导致电池内部短路。图 5-13 是制备的电池器件截面的 SEM 图片。从图中可以看出，得到的 CISS 器件层次分明，但吸收层晶粒较小，表面也比较粗糙。然而，粗糙的表面导致过渡层 CdS 和缓冲层 i-ZnO 之间不能有效地避免 PN 结中的漏电产生，而这也造成了电池的

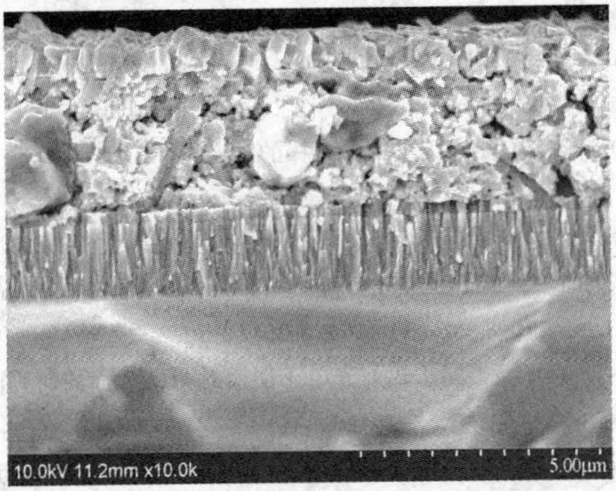

图 5-13 制备的电池器件截面的 SEM 图片

开路电压、填充因子较低，从而导致转换效率也比较低，这些缺点需要在进一步的工作中通过继续优化电池的制备工艺来完善。

参 考 文 献

[1] 刘高斌. 硫化镉薄膜的性质及应用研究[D]. 重庆：重庆大学，2003.

[2] Xue Y M, Sun Y, Piao Y M, et al. The deposition of two kinds of CdS thin films with different crystal phases and their influences on Cu(In, Ga)Se_2 thin film solar cells. 19th European Photovoltaic Solar Energy Conference[C]. 2004.

[3] Nakada T, Kunioka A. Direct evidence of Cd diffusion into Cu(In, Ga)Se_2 thin films during chemical-bath deposition process of CdS films[J]. Applied Physics Letters, 1999, 74(17): 2444 ~ 2446.

[4] Berry A K, Amirtharaj P M. Photoluminescence and Raman studies of CdS films grown by metal-organic chemical vapor deposition on Si substrates[J]. Thin Solid Films, 1992, 1(2): 153 ~ 156.

[5] 敖建平，孙云，刘琪. CIGS 电池缓冲层 CdS 的制备工艺及物理性能[J]. 太阳能学报，2006，27：682 ~ 686.

[6] Michel F, Marie C. Profile control with d. c. bias m plasma etching, J. Electronchem. Soc, 1995, 142(1): 2642 ~ 2649.

[7] Krunks M, Mere A, Katerski A, et al. Characterization of sprayed $CuInS_2$ films annealed in hydrogen sulphide atmosphere[J]. Thin Solid Films, 2006, 511(512): 434 ~ 438.

[8] Sasikala G, Thilakan P, Subramanian C. Modification in the chemical bath deposition apparatus, growth and characterization of CdS semiconducting thin flms for photovoltaic applications [J]. Solar Energy Materials&Solar Cells, 2000, 62(3): 275 ~ 293.

[9] Goto F, Ichimura M, Arai E. A new technique of compound semiconductor deposition from an aqueous solution by photochemical reactions[J]. Jpn. J. Appl. Phys., 1997, 36: 1146 ~ 1149.

[10] 于永强. PLD 制备 ZnO 薄膜及非晶纳米棒的结构与性质研究[D]. 合肥：合肥工业大学，2009.

[11] 邓雷磊. ZnO 薄膜的制备及其特性研究[D]. 厦门：厦门大学，2007.

[12] Tahar B H R, Ban T, Ohay Y. T in doped indium oxide thin films electrical properties [J]. Appl. Phys. Lett., 1998, 83(3): 2631 ~ 2637.

[13] 来冰，丁训民，袁泽亮. 同步辐射光电子能谱对 ITO 表面的研究[J]. 半导体学报，1999，20(7): 543 ~ 547.

[14] 段学臣，杨向萍. 新材料 ITO 薄膜的应用和发展[J]. 稀有金属与硬质合金，1999，138(9): 58 ~ 60.

[15] John C C F. Preparation of Sn doped In_2O_3 (ITO) films at low deposition temperature by ion

beam sputtering [J]. Appl. Phys. Lett., 1979, 34(8): 515 ~ 520.

[16] Karasawa T, Miyata Y. Electrical and optical properties of indium tin oxide thin films deposited on unheated substrates by d. c. reactive sputtering [J]. Thin Solid Films, 1993, 223 (1): 135 ~ 139.

[17] Danson N, Safi I, Hall G W, et al. Techniques for the sputtering of optimum indium-tin oxide films on to room-temperature substrates [J]. Surf. Coat. Techn., 1998, 99 (1): 147 ~ 160.

[18] Zhang D H, Ma H L. Scattering mechanisms of charge carries in transparent conducting oxide films [J]. Appl. Phys. A, 1996, 62(5): 487 ~ 492.

[19] Minami T, Takeda Y, Takata S, et al. Preparation of transparent conducting $In_4Sn_3O_{12}$ thin films by DC magnetron sputtering [J]. Thin Solid Films, 1997, 308(309): 13 ~ 18.

[20] Yuzo S, David C P. A microstructure study of low resistivity tin-doped indium oxide prepared by dc magnetron sputtering [J]. Thin Solid Films, 1994, 238(1): 44 ~ 50.

[16] Kameyama T., [illegible] K. Electrical and optical properties of aluminium doped zinc oxide thin films deposited on unheated substrates by dc reactive sputtering [J]. Thin Solid Films, 1993, 223(2): 135–139.

